编译文库

教育

赵兴奎 著

立德树人背景下
青少年网络环境责任心研究

Research on the responsibility of youth's network environment under the background of moral cultivation

本书获 2020 年度教育部人文社会科学规划基金项目"立德树人背景下青少年网络环境责任心提升路径与方法研究（项目编号：20YJAZH136）"资助和 2023 年度重庆市教育科学规划重点基金项目"新时代中小学生文化自信培育路径研究（项目编号：K23YB2140034）"资助。

前　言

2019年3月18日，习近平主持召开学校思想政治理论课教师座谈会，强调用新时代中国特色社会主义思想铸魂育人，贯彻党的教育方针，落实立德树人根本任务。青少年是国家的未来，是民族的希望，肩负着实现中华民族的伟大复兴、建设社会主义现代化强国的历史重任。随着信息时代的发展，网络作为一种新兴的传播媒体，极大地改变了人们的价值观念、思维方式、生活习惯和道德观念，当网络传播的触角延伸到社会各个角落的时候，青少年逐渐成为了网络社会的主体，但由于网络的虚拟性、超时空性、开放性和自主性的特点，给青少年思想政治教育提出了亟待解决的新问题。

网络环境责任心是个体在网络环境中履行社会道德职责和义务的个性心理品质。青少年环境责任心高低不仅影响网络空间的秩序，同时也直接影响青少年身心健康发展。如何教育引导青少年树立正确的网络价值观，提高青少年网络环境责任心，是摆在每个教育工作者面前的一个重要课题。只有充分地了解当代青少年网络环境责任心现状和发展特点，才能为青少年网络环境责任教育提供具有针对性、可操作性的实证支持，同时也为构建青少年网络文化价值观教育模式提供借鉴和思路。

三年多以来，课题组针对青少年网络环境责任教育，借鉴国内外网络教育研究的理论和方法，从立德树人的基本要求和目标出发，联系学校教育实际，采用综合研究方法，将质性研究与量性研究相结合，遵循"理论构建—实证探索—归因分析—对策建议"的研究思路，系统探索了青少年网络环境责任的结构、特点、影响效应模型及其提升路径与方法等基本问题。

本书是一项探索性研究成果，我们从教育心理学、社会心理学以及思想政治教育等多学科出发进行综合研究，系统探索了我国青少年学生网络环境责任心的若干基本问题，具有一定的理论创新和实践价值。

在课题研究和本书编写的过程中我们得到许多人的帮助，感谢我的导师张大均教授的关心支持，感谢陆军军医大学的冯正直、杨国愉教授，西南大学的刘衍玲教授，扬州大学的王映学教授的关心和帮助，感谢四川大学的汤万杰博士，重庆师范大学的马小又博士在课题研究工作中提出的宝贵意见。感谢所有支持过本研究的单位和个人。感谢中央编译出版社彭永强编辑为本书付出的辛勤劳动。

科学研究是一个逐渐逼近客观真理的过程，本书是对青少年网络环境责任心的一个探索性研究，因此研究还存在着许多不足，希望同行专家、读者批评指正。

赵兴奎

2023 年 6 月 1 日于长江师范学院

目 录

第一章 绪论 ……………………………………………………… 1
    第一节 青少年网络环境责任心研究综述 …………………… 1
    第二节 青少年网络环境责任心结构的初步构建 …………… 20

第二章 青少年网络环境责任心问卷的编制 ………………… 29
    第一节 初始问卷的编制 ……………………………………… 29
    第二节 青少年网络环境责任心正式问卷的编制 …………… 39
    第三节 青少年网络环境责任心问卷验证性因素分析 ……… 48
    第四节 讨论及结论 …………………………………………… 57

第三章 青少年网络环境责任心发展特征分析 ……………… 61
    第一节 青少年网络环境责任心总体特征分析 ……………… 63
    第二节 青少年网络环境责任心的发展特点 ………………… 67
    第三节 讨论与结论 …………………………………………… 85

第四章 青少年网络环境责任心影响因素探讨 ……………… 97
    第一节 概 述 ………………………………………………… 97
    第二节 情绪智力和网络依赖对青少年网络环境责任心影响的
           实证研究 ……………………………………………… 98

第五章　青少年网络环境责任心与效果变量的关系模型 …… 112
　　第一节　概　述 …… 112
　　第二节　青少年网络环境责任心与学业自我效能感、学习倦怠和
　　　　　　自尊的关系 …… 113
　　第三节　青少年网络环境责任心与亲社会行为：公正世界信念的
　　　　　　调节作用 …… 129

附　录 …… 141

参考文献 …… 179

第一章 绪论

第一节 青少年网络环境责任心研究综述

一、研究背景

伴随信息技术的飞速发展,由数字设备、互联网、计算机系统、通信网、自动化控制系统等组成的网络空间,突破了时空限制,成为人们获取知识和交流信息的新渠道,正在全面改变人们的生产生活方式。但同时也带来了新的安全风险和挑战,"存在一定程度文化产品质量参差不齐、泛娱乐化以及网络道德失范等不良现象"(秦永芳、马通,2010)。

青少年有着强烈的好奇心和旺盛的求知欲,但同时又极缺乏辨别力、判断力和自控力,由于网络素养的缺乏和心理素质的不成熟,面对"光怪陆离、鱼龙混杂"的网络信息,很容易迷恋上网络聊天、网络游戏,甚至痴迷于浏览网络中的黄色、暴力信息,形成"在现实社会和虚拟社会不完全一样的双重人格"(李国屏、谢武纪,2006),如果得不到及时的关注,网络的特殊性会使得青少年很容易把网络虚拟世界当作现实生活世界,使其在现实生活中很难与他人沟通,并逐渐出现情绪低落、思维迟钝、孤独不安、自我评价降低等症状,严重的甚至有自杀意念和行为。

从宏观层面来讲，网络对社会生活的重要性在增强，网络的多元化会触碰甚至越过边界走向越轨和冲突，青少年在与网络的接触中会带来价值观念系统的失衡，偏离自我社会角色认知，导致"权威消解、去中心化，并对社会道德规范约束机制的认同弱化"（钱婷婷、张艳萍，2018），甚至会产生过于注重知识技术层面的素养，忽略更为重要的价值追求。

2020年4月28日，中国互联网络信息中心发布第45次《中国互联网络发展状况统计报告》（以下简称《报告》）。《报告》综合反映2019年及2020年初我国在线教育呈现爆发式增长。截至2020年3月，我国在线教育用户规模达4.23亿，较2018年底增长110.2%，占网民整体的46.8%。2020年初，全国大中小学校推迟开学，2.65亿在校生普遍转向线上课程，用户需求得到充分释放，在线教育应用呈现爆发式增长态势。这说明青少年是我国网民的中坚力量。但面对各种社交应用与海量网络信息，我国青少年的网络文明素养却令人担忧，网络诈骗、网络谣言、网络欺凌以及网络负面低俗内容等在青少年群体中"大行其道"，引起家长、学校和社会各界的广泛关注。

当前数字网络与智能手机的快速发展使得网络"随时可得"成为可能，也让从小伴随着网络长大的"E世代"青少年成为"网络瘾""手机控"。他们表现出"一天24小时离不开网络"、上课玩手机、宁愿网上交流也不愿面谈等令人担忧的情况，沉溺于发微信、刷微博、玩抖音。但家长往往跟不上互联网发展的潮流，他们与未成年子女之间存在着网络信息鸿沟，无法正确引导青少年使用网络，尤其是面对青少年不良的网络言行，家长们不能及时地采取合理的方法进行阻断与矫正，常常因网络使用问题产生亲子冲突。

现在我国学校教育中网络信息化应用日趋普及，各层次学校纷纷尝试微课、翻转课堂、网络直播、虚拟演播室等"互联网+教育"的教学模式，但教师在教学实践中，往往将网络看作是一种教学手段，过于强调网络的工具性，忽视了网络文明素养教育的重要性，缺乏真正意义上的网络文明素养教育。同时，学校教育存在课堂教学内容供给与学生信息获取需求不对等的矛盾，学校教育仍然停留在理论知识供给和教师传授的层面上，比起课堂上获得的知识，学生更容易受网络信息的影响，这使得青少年的理想信念、价值观与社会认知等与学校教育目的脱节。

面对大数据、云计算、物联网等数字技术的迅猛发展,2017年9月发表的联合国教科文组织的报告讨论了全民网络素养的挑战。这份报告直面全球网络素养能力的差距,认为网络素养能力包括"网络专门技能、辨识知识和网络公民素养三个方面"。在此大背景下,世界各国纷纷将网络素养纳入本国教育体系,美国则积极探索网络素养在通识课程中的应用,但目前与网络素养教育相关的制度性规划还有待完善。

我国关于青少年媒介素养教育,还处于小范围探索的阶段。目前高校关于媒介素养的教学尚未形成专门性、系统性和持续性的培养机制。尽管一些有新闻传播专业的高校,如中国人民大学、中国传媒大学、浙江传媒学院等,开设了可供全校学生选修的媒介素养课程,但更多的高校并未开设相关课程。据马姗姗(2020)调查显示,只有9.8%的大学生表示学校开设过相关课程,有67.8%的表示没有接受过媒介素养相关课程教育。还有的高校在"信息技能""数字技术"等课程中附带涉及媒介使用等内容,但存在不充分、不全面的问题。目前中小学媒介素养教育实践面临课程不可持续、师资严重短缺、社会认知度不高等问题,很多中小学媒介素养课程挂靠在课题项目之下,一旦课题结项,将无法继续开展课程实践。很多中小学教师缺少基本的媒介素养知识,无法开设基本的课程。

如何"纯净网络空间,构建网上网下同心圆",弘扬网络正能量文化,发挥社会主义核心价值观对网络文化的引领作用,已经引起了党和国家的高度重视。

党的十八大以来,习近平总书记针对网络意识形态作了许多重要论述,形成了高屋建瓴、内涵丰富、意义深远的重要思想。如习近平2015年12月16日在第二届世界互联网大会开幕式上的讲话提出互联网是人类的共同家园,2016年4月19日在主持召开网络安全和信息化工作座谈会时的讲话强调:"我们要本着对社会负责、对人民负责的态度,依法加强网络空间治理……为广大网民特别是青少年营造一个风清气正的网络空间";习近平2018年4月21日在全国网络安全和信息化工作会议上的讲话强调"没有网络安全就没有国家安全,就没有经济社会稳定运行,广大人民群众利益也难以得到保障";

习近平2019年4月26日在第二届"一带一路"国际合作高峰论坛开幕式上的主旨演讲提出"我们要顺应第四次工业革命发展趋势……共同建设数字丝绸之路、创新丝绸之路"。这些论述不仅包含着富有时代感、现实针对性强的新概念新思想新要求，而且还围绕新时代下如何建设具有强大凝聚力引领力的社会主义意识形态做出重要部署，是新时代我国网络工作和网络意识形态建设的重要指南，也是开展新时代网络思政工作的根本遵循和灵魂。

2020年3月1日，我国出台的《网络信息内容生态治理规定》正式开始实施，这是继我国制定《国家网络空间安全战略》《中华人民共和国网络安全法》《即时通信工具公众信息服务发展管理暂行规定》（即"微信十条"）等一系列法律法规之后，对网络暴力、人肉搜索、流量造假与操纵账号等不良网络信息传播现象开展专项治理中的重要一步，标志着我国由网络安全等宏观机制建设转向网络内容传播的微观治理，由外部制度性规约转向广大网民网络文明素养的内涵提升，从根本上实现我国清朗网络空间生态治理。

2019年3月18日，习近平主持召开学校思想政治理论课教师座谈会，强调用新时代中国特色社会主义思想铸魂育人，贯彻党的教育方针落实立德树人根本任务。青少年作为网络新媒体的主力用户，掌握着先进的网络技术知识，其生活方式、行为模式、思想观念和价值取向等发生了巨大的改变。但随之而来的主流价值观引导力消解、传统教育模式困境、青少年网络文化生活"病理化"，以及网络诈骗、色情、暴力等的出现，给青少年思想品德教育带来了严峻的挑战。为揭示当代青少年网络责任心特点及影响因素，完善青少年网络环境责任心测评工具，增强青少年网络教育的针对性和实效性，提出科学性、针对性和实效性的教育建议，本书对青少年网络环境责任心做了系统、尝试性的研究。

二、关于责任心的研究

1. 责任的涵义

要弄清责任心的含义首先须弄清责任的概念。历史上，"责任"一词源于哲学范畴，最早可追溯到古希腊时代，如 Plato, Aristotle 以及 Zeno 等在对公正、职责和惩罚的分析中就已经开始包含责任的涵义。康德认为责任就是由于尊重规律而产生的行为必要性。培根将责任（Responsibility）理解为维护整体利益的善，因此，提出"务守对公家的责任，比维持生存和存在更要珍贵得多。"马克思认为如果不谈谈所谓自由意志、人的责任、必然和自由的关系等问题，就不能很好地讨论道德和法的问题，从此逻辑顺序看，责任先于道德和法。在英文中通常用 responsibility、obligation、accountability、answerable 或 duty 等词来表达责任的意思，它们通常被译为：责任、职责、义务。西方学者更强调个体对社会规范遵从的外在规定性。

岑国桢（2001）给责任下一个定义：责任是有胜任能力的人在社会生活中应承受的负担，以及对自己选择的不良行为所承受的后果。王健敏（2004）认为，生活在社会中的人，对国家、社会、团体、家庭、他人都负有一定的责任，构成了各种各样的责任关系，社会成员间责任依存关系是社会得以生存与发展的前提。叶浩生（2009）从责任的心理机制角度认为，责任是一种内化了的价值判断，在特定情境条件下引发相应的情感体验和内部动机，并诱发相应行为。

高亚军（2015）认为责任就是对自己所负使命的忠诚和信守；也有学者（苏兰、何齐宗，2018）认为责任的内涵有多个维度，包括责任的指向、责任的强度、责任的向中度、责任的伦理维度及责任的治理维度。总之，国内学者更强调个体心理、行为和道德的内在规定性。

根据以上对责任的不同解释，我们将责任定义为：人应主动承担的角色义务和对其因过失所造成后果应承担的责罚。有两层涵义：一是承担角色义务；二是承担行为后果。由于责任涵义的二重性以及它在社会生活中所起的重要作用，使得学者们从社会和个体两个不同的侧重点对其进行研究。

2. 责任心的涵义

责任心是品德心理学家和社会心理学家共同关心的重要问题。西方心理学词典中根本没有责任心（responsibility）一词，只在百科全书心理学卷里有责任与行为、责任归因、责任判断、责任扩散的叙述。英语词典对责任或责任心（responsibility）的阐释是：（1）法律和道德上对他人利益的照顾；（2）个人非强制性的、非指导性的职责和行为特征；（3）对事故的责罚。但 20 世纪 30 年代心理学家皮亚杰就把责任心观念引入道德判断领域，并作为道德判断发展过程的核心。心理学家皮亚杰（Piaget）在《儿童的道德判断》一书中认为："责任心是儿童道德判断发展的核心，并依据对过失的归因界定了客观责任心和主观责任心"；戴维德等（David G., Winter B., 1985）认为："责任心是一种心理动力，这种心理动力来源于对规则惩罚的主动接受"，近年来，国外一些学者（Mckenna，2010；Cook-Sather, Luz，2015）从责任动机和道德理性进行了研究。总之，除偶尔可见一些社会学者对责任感的零星研究外，西方学者一直注重对责任事故归因的心理学研究，对责任义务的心理学研究却非常少。

在汉语里，责任和责任心具有不同的涵义，根据我们查阅的文献资料，我们选择了国内心理学界关于责任心涵义较有代表性的几种观点：

（1）燕国材（1997）认为责任心是由责任认识、责任感、责任意志和责任行为四个因素有机结合而构成的一种个性品质。

（2）刘国华、张积家（1998）把责任心定义为：个体积极履行责任的态度特征和行为倾向，是个体对自己责任的自觉意识和积极履行的行为倾向。

（3）李雪（2004）认为责任心是个体在与社会环境的交互作用中，形成的一种反映个体对责任的承担程度的个性心理品质。

（4）黄蔷薇等（2010）认为责任心是个体在社会生活中对自身的社会角色所应承担的责任的认知以及由此产生的情感体验和相应行为。

（5）王晶（2017）认为责任心作为一种个性品质，是个体在社会互动中形成的对自身和群体所应承担的职责与义务的自我意识和积极履行的行为倾向。

综合国内外学者对责任心的定义可知：国外学者大多从公正、两难问题出发，从责任过失或责任事故的角度对责任心加以界定，这与其强调个人主义的文化背景有很大的关系。而国内学者们分别从责任心产生、成份和特点等角度来界定，他们都认为责任心是个性品质，是个体承担社会角色的自觉心理倾向。

我们认为，责任心是个体自觉做好份内事务和履行道德义务的心理倾向，是个性心理品质中自我特征维度上的重要内容。从心理特征上讲，责任心是个性结构中主导人进行活动的动力系统，属个性倾向性的范畴；从心理素质的角度讲，责任心与自尊和自我统合都属于自我特征上的重要内容。

从责任心的含义及责任心本质属性来看，责任心具有三个方面的特性：(1)文化性。即不同的文化背景对个体责任心的要求是有差异的。这种差异既表现在类型上的差异，也表现在层次上的不同。比如西方文化从公正和个人主义观出发，关注人的过失责任心，而中国文化从道德义务和集体主义观出发，更加关注人的任务和义务责任心；中国文化看重人的家庭责任心（孝道）和小集体的责任心，而西方文化以发展个人潜能和维护社会公正的角度，看重人的个体责任心和世界责任心；(2)自觉性。即个体积极主动做好份内事务和履行道德义务的心理态度。这种自觉性是指个体在外在的环境中通过主体的认知加工（受主体知识经验的影响）能动的选择角色的心理行为倾向；(3)动力性。即责任心是个体行为的驱动力，它能调节和制约人的需要、动机等个性倾向性成分。

3. 责任心的结构

国外责任心结构研究主要有两种取向：第一种是以责任心本身的涵义及责任对象的角度对责任心加以划分，这种划分主要以拉奇曼（Rachman，1995）为代表，拉奇曼认为责任心有四个维度：过失的责罚，社会环境责任心，积极的评价责任心，认识和行动的统一；第二种主要是在大五人格要素框架内来探讨责任心维度的。目前，有四个同质性项目成分是众多学者的共识：正直性（virtuous）、道德性（moralistic）、支配性（mastery）和无敌意（no-hostility）。最为普遍接受的责任心维度是由麦克莱和科斯特（1992）在 NEO-PI-R 问卷中定义的维度，即包括：自信、有条理、可依赖性、追求成就、自律、深思熟虑、胜任力。

国内责任心结构研究也主要有责任机制和责任对象两种取向：从责任机制划分，主要有三个维度（李雪，2006；金芳，2004）和四个维度（吴靖等，1991；燕国材，1997；王明辉，2003；王健敏，2004），前者认为责任心可划分为责任认识、责任情感和责任行为三个维度；后者认为责任心分为责任认识、责任情感、责任意志和责任行为。

从责任对象的角度划分：如（刘黎雯，2012；徐靳婷，2015）将责任心划分为自我责任心、环境责任心和社会责任心三个维度；李洪曾（2002）将幼儿责任心划分为对己责任心、家庭责任心、团体责任心和青少年网络环境责任心四个维度；姜勇（2000）将幼儿责任心划分为自我责任心、他人责任心、集体责任心、任务责任心、承诺责任心和过失责任心六个维度；王燕（2003）将大学生的责任心划分为自我责任心、家庭责任心、他人责任心、职业责任心、集体责任心以及青少年网络环境责任心六个维度，还有学者从责任机制和责任对象角度划分，如程岭红（2002）等既从将青少年学生责任心划分为一般责任心、个体责任心、青少年网络环境责任心。

另外，也有学者（潭小宏等，2005）从责任层次上划分，将中学生责任心划分为总体责任心、一般责任心和特殊责任心三个层次，近年来还有学者（陶金花、程灶火，2020）从社会责任和个体责任的角度将责任心分为责任认同、责任回避、责任追究、责任行为、责任意向五个维度。

纵观国内对责任心结构的研究，研究者们已从不同的角度对责任心理品质作了一些较为具体的分析，从心理机制角度，责任心有责任认知、责任情感和责任行为三个维度；从心理对象角度，责任心包括自我责任心和社会责任心两个维度。尽管如此，研究者们对责任心结构的研究还是存在较大的分歧：（1）对责任心结构是从心理过程角度还是从责任对象角度划分的分歧；（2）个别研究者责任心的各维度相互包容，没有比较清晰的理论划分依据。

三、关于网络环境责任心的研究

1. 网络环境责任心概念研究

计算机在19世纪40年代研制成功，随着计算机远程信息处理的应用，数据通讯从20世纪50年代开始发展；60年代开始，计算机联网技术和分布式处理技术迅速发展，进一步推进了计算机通讯的发展，出现了同种或异种计算机之间的专用网络（谷林柱、王凯，2011）。但这些专用网通讯线路费用昂贵，利用率低，性能价格比差，进而促使人们寻找其他方法。直到80年代初，计算机网络仍被公认为是一个昂贵而奢侈的技术，近30年来，随着互联网技术的发展和信息高速公路建设促使网络技术得到了前所未有的发展。当今社会，人类已离不开互联网，网络给我们的教育、研究、医疗、交通等各方面带来了翻天覆地的变化，解决了生产生活中的许多难题，极大促进人类社会进步，网络已成为人类生产、生活、工作和学习等所必须的虚拟空间环境，人类在网络空间生活、学习和工作交流中仍然面临着现实物理空间中的同样道德、伦理和社会规范问题。因此，"纯净网络空间、构建网上网下同心圆"，提高网民网络环境责任心是思想政治教育工作者必须解决的现实问题。

国外对网络环境责任心（Network Responsibility）的研究始于20世纪90年代，主要是关于政府、企业和科研机构等在使用网络资源时的协调管理问题（John R., Aggers E. S., Honeywell I. 1991；Hosoon K., Luderer G. W. R., Subbiah B., 1997），到2002年以前，随着计算机和互联网技术的广泛使用，网络道德、网络伦理和网络契约被西方学者所重视（Crandell, Levich, 2000；Daboub, 2002），其中最多是关于公共媒体在网络使用中的社会责任问题，在此之后，由于网络技术的飞速发展和网民数量的剧增，个体网络环境责任心成为政府、学校和社会各界普遍关心的问题。

关于网络环境责任心的含义，研究者由于各自的研究需要所下的操作定义有所不同，如（Larose, Rifon, Enbody, 2008）从群体道德对角色期待的角度将网络环境责任心定义为：个体在网络角色中有利于社会公民素养相一致的角色期待；（Rene, Dijkstra, Steglich, et al., 2013）从网络行为动机的角度将网络环境责任心定义为：个体在网络环境中对社会价值标准认同所产生的主动性和行为性；（Raphael, 2017）从社会哲学的角度定义为：个体在网络自由行为中有承担社会职责和合适表达的义务。国外理论界对网络环境责任心的理解一直持有两种不同的观点：一种是认为应该是资源协调配置而寻求社会公正、平等的社会趋向（Kirschbaum, 2012；Gary, Chan, Kok, et al., 2019）。第二种是认为网民自我契约以达到网络正常使用为目的的一致意识（Raphael, 2018；Mancinelli, 2020）。但他们都一致强调公正的规范对个体使用网络的重要性，认为网络环境责任心是以个体自由使用网络为前提，忽视网民应与社会道德、精神和文化一致性。

1994年是中国网络发展元年，1994年4月20日，中国与国际互联网相连的64K网络通信开通了，这标志着中国正式加入互联网国际大家庭（彭兰，2005）。从此，许多民众逐步拥有"网民"的身份，而网络空间作为文化生产和消费的新领域，则与时代保持着极为紧密的关系。我们可以从网络技术与文化发展的角度，将20余年的互联网发展史分为三个阶段：Web1.0、Web2.0、Web3.0阶段。

1994年是中国互联网开始起步的一年，是年年底，网络共连接中国科学院中关村地区约30个研究所及北京大学、清华大学两校的各类工作站及大中型计算机500台、个人机及终端500台。显然，此时能够使用互联网的人大多是中关村的科技精英，而且在1995年之前，国内几乎没有中文网站，网民的交流以英文为主，网络信息资源的共享与交流极为有限。但是，1995年前后，国家已加大对信息高速公路的投入，网络商业化是大势所趋。对于最早接触网络的一批网民而言，他们上网的主要目的是科研、学习和信息处理，由于缺乏大众化的信息交流平台，网民之间的互动较少，网络知识也非常欠缺。

国内对网络环境责任心主要从责任对象和功能两个角度来定义的，具体来讲，有以下几种：①从主体角度，如李红（2013）认为是青少年在网络环境中对自己、对家庭、对社会应尽义务的态度总和；余祖伟等（2016）认为是网民对自身所处的网络环境所负责任的个性品质。②从客体角度，如李邦红（2020）认为网络空间命运责任共同体，不是实体概念，而是价值概念，是网络文化义域下人们关于网络建设愿景和发展规划在价值层面上的基本认识与取向，体现了人们对网络与人类社会共生共荣责任关系的整体性价值认同；③也有从主客体两个角度来定义的，如韩二磊（2014）认为责任意识是指网络社会主体在理解自身在网络生活中的角色以及网络社会对网络主体的行为期望的基础上，对自身的网络行为以及可能产生的后果进行控制和把握，从而使得自身符合网络社会的内在要求的态度、情感和意愿；白晓丽（2019）认为网络责任是网络行为主体根据社会需要、个人能力、所处角色定位和网络社会关系，在认真推理、冷静判断和自由选择的前提下，自觉自愿承担和履行的网络义务。此外，还有从功能角度，如张浩等（2020）认为网络责任心是在面对意识形态领域复杂的问题，利用网络媒体宣传和培养大学生责任感、使命感、网络感，不断增强大学生思想政治活力和在网络中的适应能力；颜卉等（2018）认为网络舆情最终能够对女大学生的个人发展起到积极健康的作用。

2. 网络环境责任心结构的研究

由于计算机网络技术大众化只有20年左右的时间，国内外关于网络环境责任心结构的研究不多。西方学者较多地从责任关系角度结合网络的社会责任心结构进行划分，主要有三个维度、四个维度划分。①三维度划分。Rachman等（1995）通过实证分析提出网络责任心由国家责任心，国际间责任心和全球责任心三个维度组成；Chung（2011）从网络安全角度划分为网络防范责任心、网络伦理责任心和网络自主意识责任心三个维度；②四维度划分。Overby等（2013）从国际网络管理角度认为网络责任应由网络经济责任、网络法律责任、网络安全责任和网络文化责任四个维度构成；Nadanyiova（2021）从企业社会责任的角度出发，在对网络安全、企业的职责、社会伦理道德的公正和个体的社会责任的理论分析基础上，认为网络环境责任由网络安全责任、企业契约共同遵守责任、个体社会公德责任心和人际关系协调责任构成。

国内直接研究网络环境责任心结构的文献也不多，从学者对网络环境责任心含义及研究内容来看，有二、三、四和五维度之分。①肖云川（2018）从网络环境中的特点出发，认为网络责任意识不足主要有网络流言、互联网络领域的欺诈行为两个维度。②三个维度。李红（2013）分为对网络自己、对网络家庭及对网络社会的责任三个维度；李邦红（2020）分为责任灌输、责任情感、责任意识三个网络责任维度；王晨等（2020）分为网络自我责任、网络他人及网络社会责任、网络国家责任三个维度；王振宇（2018）分为网络责任认知、认同、行为三个维度；蒋婷采用德尔菲法确定中学生网络社会责任感调查的维度，包括三个一级维度和八个二级维度（见图1.1）。③四个维度。

白晓丽（2019）认为大学生网络责任意识主要体现在自我、社会、国家和人类命运共同体四个维度上。④五个维度。余祖伟等（2016）探索性因素分析得到网络环境责任五个维度，即网络责任认知、网络责任情感、网络责任意志、网络责任行为和网络—现实责任一致性。

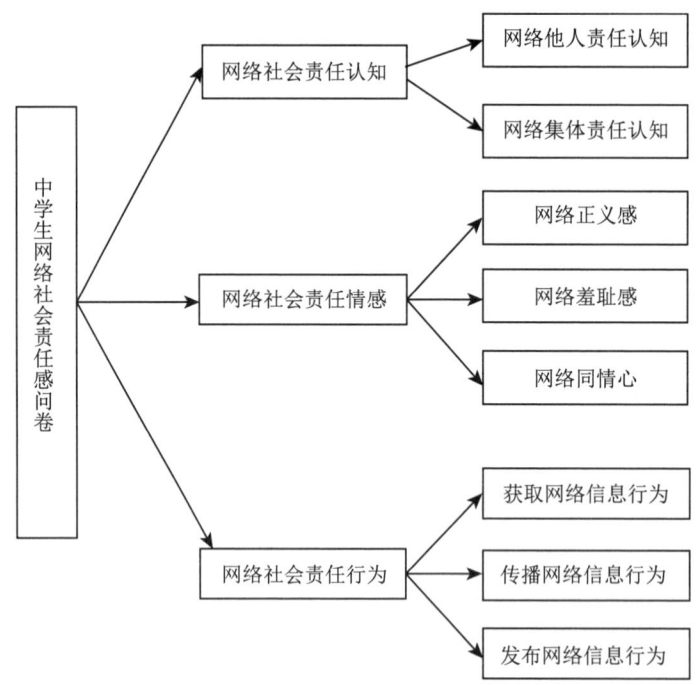

图1.1　蒋婷的中学生网络社会责任感结构

从以上研究来看，研究者从责任机制或从责任对象对网络环境责任心作了划分，从责任机制划分来看，各个维度内容之间缺乏清晰明确的界定，不易理解；从责任对象来看，部分学者缺乏系统的理论建构和实证分析，各个维度内容间相互重叠较多，缺乏当代立德树人背景下，对青少年网络环境教育的理论建构和实证调查。

3. 关于网络环境责任心的测量

早期对网络环境责任心的测量大多使用青少年网络社会责任心量表（Wygant et al., 2007；Chung, 2011；Massey, 2010；Friedman, 2007），国外使用的测量量表有明尼苏达多相人格量表（MMPI）中的社会责任感量表（A personality scale for social responsibility），Harris（1957）编制的儿童青少年社会责任心态度量表（A scale for measuring attitudes of social responsibility in children）；以及Lutterman（1968）编制的社会责任心量表（Social Responsibility Scale）。近年来有人（Perrine et al., 2015）通过实证分析提出网络责任心由国家责任心、国际间责任心和全球责任心三个维度组成，编制了网络青少年网络环境责任心问卷（Network social responsibility questionnaire）。也有人注重个体网络道德责任的测量，如Jefferson（2016）编制的自我网络道德责任范围量表（Ego network moral responsibility scope），将网络责任心划分为自我问责意识、归因责任意识、责任范围意识和他人评价的责任行为四个部分。除此之外还有Yaumas和Syafril（2019）编制的答疑者网络责任问卷（Counselor Network Responsibility Questionnaire），Bae（2019）编制的网络游戏中的社会道德责任问卷（Social Moral Responsibility Questionnaire in Online Games）。

国内网络环境责任心相关的测量问卷有余祖伟等（2016）编制的《青少年网络责任心问卷》和蒋婷（2017）编制的《中学生网络社会责任感问卷》。余祖伟等（2016）编制的《青少年网络责任心问卷》通过因素分析获得5个因素、20个项目，5个因素包括网络责任认知、网络责任情感、网络责任意志、网络责任行为和网络—现实责任一致性。各因素负荷在0.5—0.8之间，累积方差贡献率为52.85%。问卷的内部一致性信度为0.73，分半信度为0.67，重测信度为0.89。以大五人格简式量表中的责任性维度分量表作为青少年网络责任心问卷的比较标准，建立青少年网络责任心问卷的效标关联效度；蒋婷（2017）采用德尔菲法确定中学生网络社会责任感调查的维度，包括三个一级维度和八个二级维度（见图1.1），分别为网络社会责任认知（包括网络他人责任认知和网络集体责任认知）、网络社会责任情感（网络正义感、羞耻感和同情心）和网络社会责任行为（获取网络信息、传播网络信息和发布网络信息），问卷内部一致性系数$\alpha=0.885$。两个问卷都是从心理机制的角度编制，都包含认知、情感和行为三个维度。

另外，与网络环境责任心相关的量表主要有姜英杰等（2014）编制的《网络行为自我调控量表》、俞红蕾（2011）编制的《大学生网络道德失范行为问卷》、马晓辉，雷雳（2011）编制的《青少年网络道德问卷》。姜英杰等

（2014）编制的《网络行为自我调控量表》包括网瘾认知、卷入性情绪自控、网络卷入体验、网络行为调控四个维度，$\alpha = 0.929$；俞红蕾（2011）编制的《大学生网络道德失范行为问卷》包括网络迷恋、网络谎言、网络谩骂、网络侵权、网络色情、网络黑客六个维度，$\alpha = 0.89$；马晓辉、雷雳（2011）编制的《青少年网络道德问卷》包含了网络道德认知、网络道德情感和网络道德意向三个维度，$\alpha = 0.82$。

四、青少年网络环境责任心研究

1. 关于青少年网络环境责任心现状研究

国外直接研究青少年网络环境责任心文献不多见，有一些零星的研究，如澳大利亚联邦大学学者 Lee 和 Conroy 通过一系列的采访和观察，发现青少年通过互联网获取知识，加速青少年社会化过程，网络社会责任相应的提高；奥地利因斯布鲁克大学学者 Permoser 等（2020）在对全球家庭教育、道德准则和个体行为分析基础上，认为网络权利已经超越社会道德要求，青少年的社会意识淡薄；密歇根州立大学 Larose 等（2008）认为社会身份自我认同与网络社会行为呈正相关，社会身份自我认同高的个体网络社会责任较高，社会身份自我认同低的个体网络社会责任较低。

国内对青少年网络环境责任心现状的研究集中体现在网络素养和网络道德方面。网络素养方面，田丰、王璐（2020）通过采用分层随机整群抽样的方式，在调查全国 31 个省、直辖市、自治区，一百多所中小学，22610 个样本基础上，发现我国青少年网络技能素养整体呈良好态势，但仍存在重娱乐功能、基本技能缺失、网络效能感总体偏弱等问题；方增泉等（2019）通过梳理英国、美国、新加坡、澳大利亚、芬兰等学校网络素养教育较为发达的国家的实践探索，分析中国的学校网络素养教育现状，认为我国青少年的认知和行为模式尚处在发展阶段，面对各种复杂的互联网信息时辨别能力不够，在接触、使用媒介时也会遇到信息焦虑、数字压力、网络成瘾、隐私安全、网络暴力等诸多潜在问题。

网络道德方面，张元（2018）通过传统"慎独"思想对青少年网络道德人格影响进行分析，认为网络社会道德控制机制弱化，导致青少年网络主体出现严重"我向幻觉行为"倾向，符号意义体系异化又使网络主体长时间处于一种社会关系缺场的"脱域"状态，而"脱域"状态的加剧又导致青少年网络行为异化和道德人格缺失；王凡（2013）认为互联网的开放、平等、多元等特征与青少年的思想和性格特征相符合，容易对青少年的人格认知产生强烈落差；孙六平、鲁宽民（2014）认为部分青少年长期浸淫在这种失调的网络传媒中，过多摄入其传递的错误有害信息，引起道德信仰失范，自我控制能力减弱，导致各种越轨行为的发生；何爱华、郭有强（2017）认为中小学生网络伦理失范的主要表现为网络失信、网络依赖、网络暴力、网络泄愤和网络舞弊，刘芝梅（2019）认为部分青少年的网络行为与网络法律法规的要求相悖，如在网上散布和传播谣言、恶意中伤他人，通过网络下载和传播色情、暴力资源，制造计算机病毒、窃取他人隐私等。青少年在便捷地发布和分享信息的同时，自身的道德认同也随之产生了一些问题，最突出的表现就是网络道德失范；解登峰（2017）认为青少年网络社会责任感缺失体现为网络责任情感体验浅显、网络责任认同意识薄弱和网络责任感内化不彻底等方面。

2. 关于青少年网络环境责任心影响因素研究

早在互联网发展早期，美国学者 Leslie（1988）就对网络环境对青少年所带来的道德危机进行了有预见性的探讨。接着有学者（Gabbiadini A.，Andrighetto L.，Volpato C.，2013）对网络环境中的部分道德行为机制进行了验证，也有学者（Bajovic M.，2013；Greitemeyer T.，Mugge D. O.，2014）关注网络暴力游戏对网络道德行为的影响，在这之后，一些学者认为青少年自身情绪情感以及学校的健康教育与网络环境道德行为有显著影响，如 Huan（2014）等人的研究指出，新加坡青少年网络环境中的不良问题受到孤独感和害羞等心理和性格特征的影响，这些负面的心理体验与他们不合群、与父母关系不好等因素有关；（Yap S. T.，Baharudin R.，2015）研究发现，青少年期的沮丧情绪与网络环境中的道德行为有关；Kropf（2014）认为健康教育、生命教育和社会责任教育与网络责任心存在一定相关；近年来，Almagor（2020）认为，校园欺凌、性别和社会价值标准是影响青少年网络道德行为重要因素。

国内对青少年网络环境责任心影响因素研究不多，主要集中在对网络素养、网络偏差行为以及网络欺侮三个方面的影响研究。①对网络素养的影响研究。陈晨（2017）对九省区 9360 名青少年网络素养状况调查发现，亲子关系融洽的个体，网络素养更高；网络使用越多，网络素养越低；负面心理体验越强，网络素养越低。②对网络偏差行为的影响研究。金灿灿、邹泓（2013）对全国七城市共 2352 名中学生父母监控、人格和网络偏差行为状况进行了测量。青少年网络偏差行为得分基本随年级升高而显著增加，人格、父母监控与网络偏差行为之间呈显著相关，人格类型在父母监控和网络偏差行为关系中起调节作用；郭亚辉（2017）采用李冬梅编制的网络偏差行为量表、Grasmick 等人编制的低自控量表以及 Valcke 和 Bonte 编制的父母互联网教养方式问卷，调查青少年低自控、父母互联网教养方式和青少年网络偏差行为的关系，发现低总控与网络偏差行为都存在显著正相关，教养方式问卷与网络偏差行为存在显著负相关。③对网络欺侮的影响研究。罗建河（2006）对国外青少年网络欺侮行为系统研究发现，去抑制化效应（disinhibition effect）、去个性化效应（deindividuation effect）、青春期骚动以及成人交互作用的缺乏是青少年网络欺侮行为的重要影响因素。另外，吴月华（2020）通过调查上海市七所中学的青少年发现，网络游戏是青少年网络道德行为的重要因素，网游时间、网游环境中的非道德行为和道德环境感知均可以显著预测网游青少年的道德表现，同时各变量之间还通过相互作用对网络道德行为有间接作用。

3. 关于青少年网络环境责任心对策研究

20 世纪末以来，相关国际组织先后出台系列政策文件，以应对频频发生的网络安全事件，如欧盟《改善儿童网络欧洲战略》（European Strategy for a Better Internet for Children）、加强网络安全项目（Safer Internet Programme）、《欧盟网络安全战略：一个开放、安全和可靠的网络空间》（Cybersecurity Strategy of the European Union：An Open, Safe and Secure Cyberspace）等。其中，《改善儿童网络欧洲战略》要求欧盟委员会联合手机、网络服务供应商，为青少年提供所需的各类数字技能和网络工具，并制作在线教育内容，以帮助青少年能从网络体验中获益。此外，欧盟还设立"改善儿童网络自我监管计划"（Selfregulation for a Better Internet for Kids），并与联合国儿童基金会等组织成立"加强网络安全日联盟"（the Alliance on Safer Internet Day）。欧盟还设立"改善儿童网络自我监管计划"（Selfregulation for a Better Internet for Kids），并与联合国儿童基金会等组织成立"加强网络安全日联盟"（the Alliance on Safer Internet Day）。这些政策的共同特征是既注重国家网络安全的保障，也注重儿童青少年网络安全素养的培养，通过提供国际性网络安全顶层设计框架，引导有关网络安全各项行动和计划的展开（董新良、郭俊敏、郭熙婷，2020）。

我国对青少年网络环境责任心的教育引导主要从内部因素和外部因素两个方面提出的，在内部因素方面，主要集中在从思辨角度加强青少年网络素养，具体来讲，有学者主张开设网络道德教育课程（范翠英等，2018）；有学者主张（王星榆，2015）进行网络媒介素养教育宣传，通过加大对研究机构的资金支持等方法为网络媒介素养教育营造良好的社会环境；也有学者认为（于航，2019）应培养青少年的道德意识，加强青少年网络自律精神；还有学者（李玲，2014）认为培养青少年网络媒介素养教育的三大核心是帮助青少年确立理性的情感取向、建立科学的知识结构、培养互助的传播意识。

除此之外，另有一些学者根据理论调研和实际调查数据，提出了青少年网络道德教育策略。解登峰（2017）借鉴情感产生的心理机制，从情感层面构建了网络社会责任感的发生机制模型（见图1.2），模型从网络责任情境的创设、网络责任认知的深化、网络履责积极情绪的积累等路径进行青少年网络社会责任感的培养，解登峰（2017）认为通过网络社会责任感培养，最终积淀到个体人格品质上，然后自然外显为网络道德行为。解登峰（2017）的模型遵循情绪到情感的发展规律，认为网络道德行为是从低级到高级、从单一到丰富、从不稳定状态到稳定状态的渐变过程，但是在网络道德教育中难以进行具体的操作。

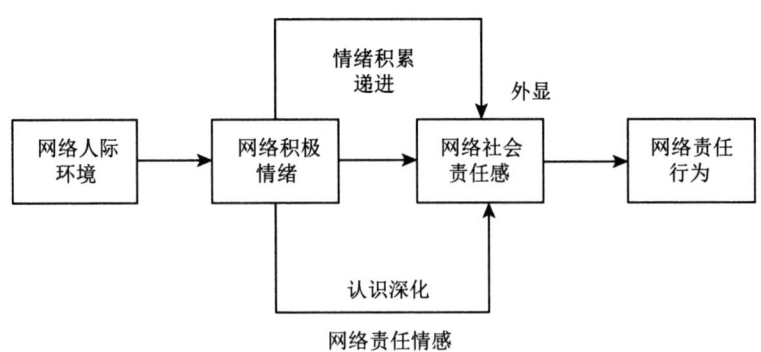

图 1.2　青少年网络社会责任感形成机制的理论模型

吴灯（2015）提出了"从操纵到促进自我实现"的教育策略，主要包括父母网络德育效能训练、普及儿童哲学教育、采用道德探究教学模式和适当应用教育游戏等四种具体的教育手段，他的这一主张是力图在真实而开放的教育环境中实施的一种综合教育策略，在实际的道德教育中有一定的操作性，但是，吴灯（2015）教育策略更是一般性道德教育策略，对网络特性针对性有些不足。

另外，针对青少年网络道德教育，杨秀明（2009）从道德伦理学角度提出，应弘扬传统"慎独"精神，增强当代青少年的网络道德自律能力，改变以往传统的网络道德教育观念，由"道德灌输"向"思想引导"转变，"他律"向"自律"转变，"制度规范"向"人心内省"转变。

外在因素主要集中在家庭、学校、社会和政府四个方面。家庭教育方面，学者们主要围绕营造良好家庭氛围以及提升父母或监护人网络监护能力两个方面展开。营造家庭氛围方面，田丰、王璐（2020）认为应动员家庭参与，牢牢把握住青少年上网第一场所的亲子引导，并认为应营造良好的家校氛围，建立亲密的亲子关系，及时进行情感的沟通；李红（2013）认为除应营造良好的家庭氛围外，还应引导形成健康的上网情趣，培养正确的网络认知、网络自制与网络交往的能力。在提升父母或监护人网络监护能力方面，康亚通（2019）提出当家长或者监护人没有尽到监护职责或者监护不力时，要求父母或监护人以参加网络素养教育辅导课程的方式，承担相应的责任，以此提升其对未成年人的网络监护能力。除此之外，还有人（韩珍，2015）提出进行父母网络德育效能训练，改善家庭管理的对策建议。

学校方面，学者们主要是针对教师的培训、课程设置以及校园文化建设几个方面展开分析的。主要的对策有：提高教师素质、强化网络责任、培养信息素养、重视心理辅导、优化网络资源，将网络技能素养作为普及性义务教育基础课程（田丰、王璐，2020）；让青少年充分认识网络环境的特征，认识网络交往中必须遵循的一些基本道德原则与规范，在课堂活动中讨论网络交往的适当行为（范翠英、汪倩倩、褚晓伟、滕妍君，2018）；积极推动新媒体和校园文化建设的融合，依法整治校园，优化周边环境，为青少年营造良好的网络生态环境（康亚通，2019）。

社会和政府方面，学者们主要针对各方履责，共同营造良好的网络社会环境来分析研究的。关于各方履责方面，如杨秀明（2009）提出政府应带头加强对网络运作的管理和监督，田丰、王璐（2020）提出"做好顶层设计，坚持政府主导、社会参与、企业履责和全民行动的原则，厘清政府、市场和社会三大部门的界限，充分发挥每一位政府和社会参与方的积极作用，最大限度加速培育和提升青少年的网络技能素养，为国际竞争和国家发展提供人才的战略梯队"；康亚通（2019）提出"**多方参与、共同治理**的有效机制，通过立法明确网络终端生产者或进口商、网络运营者等相关主体在防范青少年网络沉迷过程中的义务和责任"。关于营造良好社会环境方面，于航（2019）提出"进行社会主义核心价值观引导，改善社会环境加强道德教育，消除社会环境的不良影响"。

除此之外，还有人提出从宏观和微观相结合、道德和法律相结合、校内和校外相结合、虚拟与现实相结合等诸多角度全面综合衡量，谨慎提出对策（朱松岭、王颖，2020）；结合家庭、学校和社会的力量，提高青少年对网络信息的认知能力、使用能力、反思批判能力、创造能力，培养其道德意识、法规意识、安全素养和心理素养（李岩、高焕静，2014）；调动学校、家庭、社会三方力量，让这三者既各司其职又携手并进，从而构建起三位一体的外围互动关系（李玲，2014），等等。

五、已有研究存在的问题

从已有的研究结论分析来看，目前青少年网络环境责任心研究看起来非常丰富，也有不少的研究成果，但人们对青少年网络环境责任心的认识还存在一些主要问题和不足。

从研究取向上，缺乏整合性的实证研究。人们研究取向各不相同，有思政角度的思辨研究，有教育学、心理学和社会学角度的调查研究，缺乏整合计算机科学、教育学、思想政治教育、心理学等多学科协同化研究。

研究对象上，主要涉及我国部分地区中学生，集中于中学生网络环境责任心发展、影响因素和对策建议，对大学生网络环境责任心研究较少，其中对全国范围内大、中学生的系统研究比较薄弱。

研究内容上，国外较多关注企业、政府等社会责任，对青少年的网络道德不够重视，国内思辨研究较多，实证研究多是非标准化的问卷调查，也有一些标准化的问卷调查，但这些问卷或是各个维度内容之间缺乏清晰明确的界定，各个维度内容间相互重叠较多，不易理解，难以适应"纯净网络空间，构建网上网下同心圆"的客观要求，也很难提出立德树人背景下对青少年网络责任心教育的具体建议。

研究方法上，青少年网络环境心研究，以思辨研究为主，一些问卷调查多采用简单的相关分析，分析方式比较单一，很少采用多元分析方法。

第二节 青少年网络环境责任心结构的初步构建

一、网络环境责任心的分类

责任心可以依据不同指标进行分类，本书结合课题组前期分类指标

（赵兴奎，2007），以网络责任对象为标准，将网络网络环境责任心分为网络自我责任心和网络社会责任心（见图1.3）。网络环境责任心是网民在网络使用环境中自觉理性上网、积极履行分内社会职责和道德义务的个性心理品质，网络自我责任心是网民准确定位自身角色，履行自己在网络环境中的职责和义务的网络环境责任心，网络社会责任心是网络履行维护网络空间的纯净和倡导网络正能量文化，构建"网上网下同心圆"的网络环境责任心。

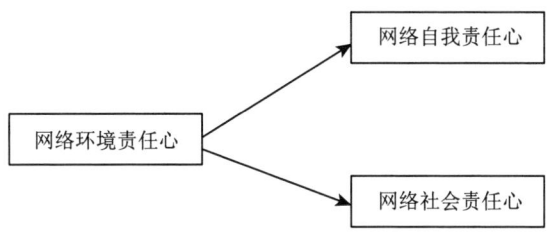

图1.3　根据责任对象划分的网络环境责任心结构

网络自我和网络社会责任心是网民在网络行为中所表现出来的两种不同心理品质，是相互影响、相互联系和相互制约并互为目的的，共同构成网络环境责任心。网民只有积极履行好这两种责任心并正确处理好他们之间的相互关系，个体才具有完整健全的网络环境责任心。

二、责任心在心理素质中的位置

为了进一步了解责任心，有必要探讨责任心在个体心理素质中的位置。根据张大均团队（王滔，2002；王鑫强，2015；武丽丽，2019等）多年对心理素质及其结构的研究表明，学生的心理素质由认知维度、个性维度和适应维度构成，责任感属于个性维度上自我特征中的一个因素（图1.4）。

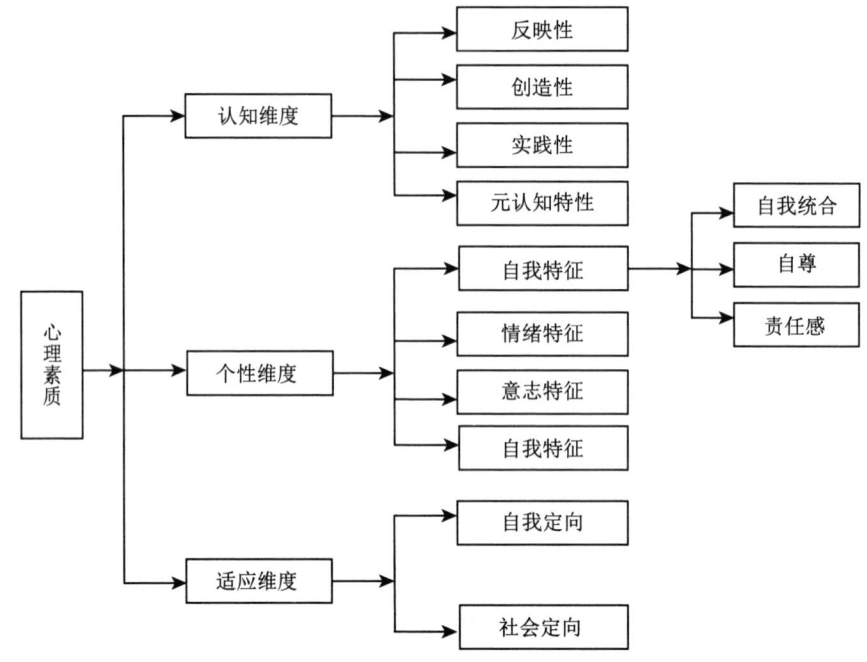

图 1.4　学生心理素质结构层次理论模型[69]

三、青少年网络责任心结构的探讨

（一）关于青少年网络责任心结构的问卷调查

1. 研究目的

通过问卷调查，为构建青少年网络责任心结构提供实证基础。

2. 研究对象

重庆市涪陵区第五中学、重庆市彭水县第一中学高中学生120人，重庆市彭水县走马中学、郁山中学初中生150人，长江师范学院本科生300人，西南大学2019级、2020级博士47人，本课题组开题报告成员及相关专家16名，相关学科专家四川大学2名、扬州大学3名、西南交通大学1名、重庆师范大学3名、西南大学5名、长江师范学院6名，"鄱湖渔翁"教授微信群119名

(成员以文史哲教授为主,含少量的副教授),"张家军"心理学专家微信群192名;回收教授问卷39份,博士生问卷43份,本科生问卷282份,高中生学生问卷117份,初中生问卷145人;剔除无效问卷,得到教授有效问卷32份,博士有效问卷38份,本科生有效问卷256份,高中生有效问卷113份,初中生问卷131份。被试结构见表1.1。

表1.1 半开半闭式问卷的有效被试构成

	初中生	高中生	大学生	博士	教授	合计
一年级	49	44	92	/	/	/
二年级	39	38	62	/	/	/
三年级	43	31	58	/	/	/
四年级	/	/	44	/	/	/
男	61	54	57	16	29	217
女	70	59	199	22	3	353
合计	131	113	256	38	32	570

3. 研究程序

首先根据网络环境责任心概念及青少年网络环境责任心成分的深入研究,并参阅国内外网络环境责任心的研究,结合开题报告专家和课题组成员的建议,在反复征询计算机科学、思想政治教育、教育学、心理学、伦理学和环境科学等相关学科各3—5名专家意见后,编制了青少年网络环境责任心半开半闭式专家、学生问卷(见附录1、附录2)。对本科生和中学生的调查实行以班级为单位的团体测量,由本人或心理学专业的博士担任主试,施测前向被试说明施测的目的与回答方式,然后开始作答。

对教授和博士都使用专家问卷。对教授的调查采用微信、QQ等电子邮件形式,对博士的调查主要在西南大学实行以学院为单位的团体测量。

分析问卷的调查结果(见表1.2)。考虑到教授对各个成分的赞成率普遍较高,拟取赞成率为85%以上的成分,并综合考虑专家在开放式问题中提到的建议,结合青少年心理发展特点,构建出青少年网络环境责任心的结构。

表1.2 专家咨询问卷调查结果及调整意见

成分		赞成（人）	赞成率	调整意见
自我网络环境责任心	网络色情的抵制力	65	92.857%	
	网络欺负的抑制力	62	88.571%	建议改为"网络攻击"
	网络诈骗的反制力	60	85.714%	
	网络游戏的控制力	68	97.143%	
	网络关系的认知力	60	85.714%	建议改为"网络关系自制力"
	网络依赖自制力	58	82.857%	建议与"网络关系"合并
	网络成瘾自控力	64	91.429%	建议与"网络游戏"合并
社会网络环境责任心	社会主义核心价值观认同力	61	87.143%	
	中华传统正能量文化认同力	59	84.286%	建议改为"优秀传统文化"

4. 调查结果分析

从表1.2可以看出，专家对于青少年网络环境责任心结构提出了几点建议：一是认为"网络自我责任心"代替"自我网络环境责任心"，"网络青少年环境责任心"代替"社会网络环境责任心"更简洁；二是认为用"优秀传统文化认同力"代替"中华传统正能量文化认同力"，用"网络关系的自制力"代替"网络关系的自控力"更易理解；三是认为青少年网络依赖和网络成瘾概念难以具体测量，且不属于对网络环境影响的因素，部分专家认为青少年更多表现为网络游戏成瘾，一些专家认为网络环境中部分不良商家利用青少年的游戏成瘾开发了大量的不健康游戏软件，污染网络环境生态更突出，所以将"网络依赖自制力"和"网络成瘾自控力"两个维度去掉。

在回答"其他"时，有的专家特别是心理学方向的专家认为应该删除"社会主义核心价值观认同力"和"中华传统正能量文化认同力"两个维度，考虑到本课题研究题目是"立德树人背景下青少年网络环境责任心"研究，在进一步征求部分心理学专家和相关学科专家的基础上，保留了前面两个维度。

（二）青少年网络环境责任心结构的理论构建

1. 青少年网络环境责任心结构构建的理论前提

2016年4月19日，习近平总书记在网络安全和信息化工作座谈会上的讲话中指出："我们要本着对社会负责……做强网上正面宣传，培育积极健康、向上向善的网络文化，用社会主义核心价值观和人类优秀文明成果滋养人心、滋养社会……为广大网民特别是青少年营造一个风清气正的网络空间"。网络环境责任教育就是要青少年养成积极、健康、向上的上网习惯，履行好中国特色社会主义接班人的义务。

一方面，网络环境责任教育就是要开展青少年网络自我责任教育，提高网络自我保护能力，教育引导青少年正确地认识、使用和创新网络，让学生正确认识网络媒介的特质与功用，具备抵制网络低俗、网络诈骗、网络攻击、网络黑客、网络反动信息等的主动意识与能力，引导学生正确科学地使用常见的网络软件如QQ、微信、浏览器等，让学生初步具备主动加工、创造、传播社会主流价值观的能力。

另一方面，网络环境责任教育就是要开展青少年网络社会责任教育，引导青少年对新时代马克思主义的坚定信仰，增强青少年社会主义核心价值观和中华优秀传统文化的认同教育。信仰教育的核心是对新时代中国特色社会主义的高度认同，构建既弘扬共同理想又兼顾个人追求的信仰教育内容体系，教育引导学生树立社会主义核心价值观，通过中华优秀传统文化教育和熏陶，培育青少年学生的民族自豪感和文化自信。

2. 青少年网络环境责任心结构的理论构建

网络环境责任心是网民在网络使用环境中自觉理性上网、积极履行分内社会职责和道德义务的个性心理品质。网络环境中网民角色身份的准确定位，以及网民高度的社会文化责任是创设纯净网络空间，形成和谐、积极、健康、文明网络环境的前提，作为网民必须履行维护网络空间的纯净和倡导网络正能量文化，构建"网上网下同心圆"的社会责任。前者要求网民要准确定位自身角色，履行自己在网络环境中的职责和义务，即个体的网络自我责任；后者要求网民对当前社会主流文化和优秀传统文化的高度认同，即个体的网络社会责任。

网络自我责任心是指网民根据网络环境的特点，主动克服、抑制不健康的网络行为，养成理性上网的自觉意识和行为倾向。网络自我责任心要求网民对自身生存和发展负责任，自觉抵制网络环境中色情、暴力、诈骗等不健康的内容。根据专家访谈、实证调研和理论论述，从当前青少年上网规律、习惯和特点出发，本研究将青少年网络自我责任心分为网络色情的抵制力、网络攻击的抑制力、网络诈骗的反制力、网络游戏的控制力和网络关系的自制力五个维度。

网络色情的抵制力是指个体对网络淫秽、色情内容的自觉回避和抵制的责任意识；网络攻击的抑制力是指个体具有主动抑制辱骂、威胁、泄露他人隐私等恶意中伤他人的网络行为；网络诈骗的反制力是指个体具有反制网络诈骗行为的主动意识和能力；网络游戏的控制力是指个体具有调控自身网络游戏的自觉态度和理性行为；网络关系的自控力是指个体在网络人际交往中对自我社会角色的准确认知和恰当表达的能力。

网络青少年网络环境责任心是指网民在上网行为中自觉履行社会职责和道德义务的自觉意识和行为趋向。网络青少年网络环境责任心要求网民对社会优秀文化成果高度认同，并"内化于心，外化于行"。根据专家访谈、实证调研和理论论述，从当前青少年网络心理发展特点以及青少年思想政治教育的目标出发，本研究将网络青少年网络环境责任心分为社会主义核心价值观认同力和中华优秀传统文化认同力两个维度。社会主义核心价值观认同力是指个体对社会主义核心价值体系基本内容的认同；中华优秀传统文化认同力是指个体对中华民族优秀传统文化认同、尊重、弘扬的自觉态度。

网络自我责任心和网络社会责任心是网民在网络行为中所表现出来的两种不同心理品质，是相互影响、相互联系和相互制约的，共同构成网络环境责任心。首先，网络自我责任心和网络社会责任心是相互联系和相互制约的。网络自我责任是对自己负责，以达到满足自身心理需要为目的；网络社会责任是对社会负责，以达到符合社会文化的要求为目的。网民总是在自我心理需要和社会文化要求中调整自己的角色。网络环境责任心实质是网民在符合社会文化要求、以满足自身心理需要为目的的上网活动中所表现出来的个性心理品质。

其次，网络自我责任心和网络社会责任心是相互影响并互为目的的。网络社会责任心是在网络自我责任心基础上产生的，个体只有具有积极健康向上的网络自我责任心，才会产生网络社会责任心；网络社会责任心是网络自我责任心的重要保证，设想网民都不遵从一定的社会文化和道德规范，不具有网络社会责任心，网络环境中都是色情、暴力、诈骗等不健康的、负面的、虚假的信息，个体是不可能形成积极、健康的、正面的网络自我责任心的。

最后，网络自我责任心和网络社会责任心是相互依存和相互促进的。网络自我责任心和网络社会责任心是保证网络空间纯净、实现网络社会和谐发展的两个方面。网民具有积极健康向上的网络自我责任心，会促使网民进一步形成网络社会责任心；同时，所有网民都具有网络社会责任心，营造和谐、纯净和正面的网络文化大环境，有利于每个网民网络自我责任心的提升。

总之，网民只有积极履行好这两种责任心，并正确处理好他们之间的相互关系，个体才具有完整健全的网络环境责任心。网络环境也正是有无数个具有健全的网络环境责任心的网民，才能保持网络环境空间的纯净，实现网上网下同心圆，促进现实社会和网络社会文化的和谐、健康的发展。（见图1.5）。

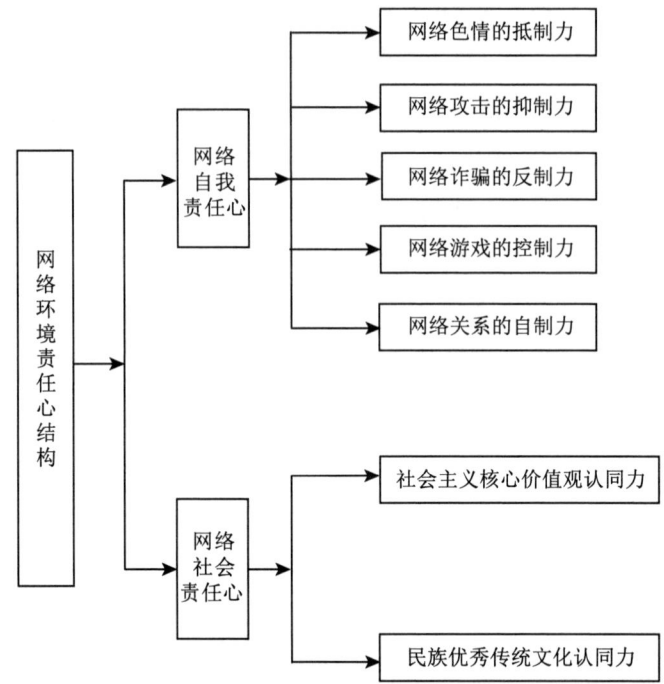

图1.5 从责任对象划分的网络环境责任心结构的理论模型

第二章　青少年网络环境责任心问卷的编制

第一节　初始问卷的编制

一、初始问卷编制的原则

根据心理测量理论，问卷的编制要达到"四度"（信度、效度、难度和区分度）的要求，为达到这一目标，我们结合本问卷的实际，确定了以下编制原则：

（1）成分—题项匹配性原则

问卷的题项必须反映理论构想的内容实质，这是问卷编制的内容效度问题。

（2）青少年年龄特征原则

问卷题项的筛选必须充分考虑青少年年龄特征，青少年网络环境责任心有其的特定年龄阶段特征，这些年龄特征往往通过其网络行为表现出来，这是问卷的效标效度问题。

（3）克服社会期望的原则

问卷题项筛选必须尽量克服社会期望。一方面青少年具有揣测测量者的期望和需要的能力；另一方面随着知识经验的丰富和自我意识的增强，青少年价值观已基本形成，对许多社会问题有自己独立的见解。测量青少年真实的网络环境责任心要尽量避免使用简单的、大众化的题项。因此，要尽量多用一些有一定深度的两难判断题，发挥其想象能力的趣味题以及反向题等题项。这是问卷的构思效度的问题。

(4) 行为样本的典型性原则

问卷的题项必须充分反映青少年网络环境责任心的全貌。青少年在网络环境责任中有大量的行为反映了其网络环境责任心特征，而我们的问卷容量是有限的，所以必须考虑到题项的代表性。这是问卷的信度问题。

另外，关于问卷各种信度、区分度和结构效度等指标，我们将在下面的调查分析中一一进行。

二、初始问卷编制的方法

(一) 初测问卷编制的过程

(1) 结构成分的细化

青少年网络环境责任心理论构想结构模型的两个维度只是特质成分，延伸到项目层次还有一定的距离，因此有必要根据人格结构的层次模型，细化两个维度。在根据专家访谈和查阅有关文献的基础上，我们分别设计了各个维度的项目成分，有关大学生青少年网络环境责任心理论构想结构的成分细化详见附录3。

(2) 题项来源

青少年网络环境责任心问卷的题项来源有：一是现今公认成熟量表的相同或相似特质的题项（见附录9），二是自编题项。编制题项的程序如下：收集国内外有关责任心、责任感、个性、价值观、亲社会行为等方面的题项；筛选题项，根据题项的典型性和代表性确定适当的语句作为测试题项，在专家访谈的基础上最终确定原始问卷的题项，见附录4。

(3) 被试的构成

参加初测的主要为重庆市、四川省四所大学以及中学的教师。其中，四川地区的测试以邮寄形式，把问卷寄往所在学校，请该校从事心理健康教育的教师组织，利用专门时间进行集体测试；重庆地区的教师测试由研究者亲自进行。共发放问卷 300 份，回收并剔除之后得到有效问卷 268 份，回收率为 89.33%。有效问卷中，被试的构成见表 2.1。

表 2.1 初测被试构成

	初中生	高中生	大学生	合计
一年级	42	21	14	/
二年级	20	12	67	/
三年级	54	10	11	/
四年级	/	/	17	/
男	60	28	18	106
女	56	15	91	162
合计	116	43	109	268

根据原始问卷的研究结果，课题组编制了 85 个题目的预测问卷，加上引导题和测谎题各 3 个题项，共 91 个题项见附录 5，在施测过程中，研究者与 8 名施测教师和 34 名大学生、中学生进行了交谈，了解他们对问卷中各题项的认识。经交流，问卷中存在意思模糊不清、理解困难的题项 7 项，课题组在对预测问卷进行了探索性因素分析后，根据探索性因素分析的删除原则，删去了 14 个题项，保留了 64 个题项，制成初测问卷，加上引导题和测谎题各 3 个题项，初测问卷共有 70 个题项，见附录 6。

（二）初始问卷的形成

1. 项目分析

项目分析的目的是考察题项鉴别程度的高低。其方法有求出每一题项的"临界比率"（Critical ratio，CR）和计算内部一致性系数两种方法。前者是将所有被试在预试问卷中的得分总和依高低排序，得分前 27% 为高分组，后 27% 为低分组，对高低两组被试在每题得分的平均数进行差异显著性检验。如果题项的 CR 值达到显著水平，即表示该题目能鉴别不同被试的反应程度，可以保留进入因素分析。后者就是测验各题目与总分之间的相关系数，相关系数越高，代表该题目在测量某一行为特质上与其他题目间愈一致。

根据项目分析结果，31题的决断值和与总分的相关未达到显著性水平，其余所编69个题项的决断值（CR）达到非常显著性水平（$p<0.001$），且各题与量表总分的相关系数处于0.285—0.646之间，全部达到显著水平（$P<0.001$），说明所有题目均具有较好的鉴别力，能够鉴别出不同程度被试的反应。具体分析结果见表2.2。

表2.2 青少年网络环境责任心初测问卷的项目分析

题号	决断值（CR）	与量表总分相关	题号	决断值（CR）	与量表总分相关	题号	决断值（CR）	与量表总分相关
4	8.590***	0.527***	28	7.270***	0.447***	51	6.232***	0.563***
5	7.618***	0.544***	29	8.791***	0.481***	52	6.018***	0.635***
6	6.826***	0.525***	30	6.202***	0.367***	53	−4.424***	−0.396***
7	6.985***	0.512***	31	−0.076	−0.096	54	−3.731***	−0.410***
8	7.581***	0.488***	32	4.929***	0.342***	55	4.913***	0.518***
9	7.524***	0.460***	33	4.193***	0.310***	56	3.781***	0.363***
10	7.917***	0.441***	34	9.561***	0.505***	57	6.802***	0.385***
12	9.964***	0.542***	35	8.414***	0.384***	58	4.408***	0.478***
13	5.647***	0.620***	36	5.559***	0.306***	59	5.472***	0.458***
14	4.611***	0.594***	37	5.618***	0.368***	60	2.662***	0.341***
15	5.415***	0.603***	38	4.215***	0.334***	61	4.329***	0.483***
16	4.385***	0.594***	39	6.253***	0.497***	62	4.461***	0.466***
17	5.275***	0.285***	40	7.114***	0.600***	63	2.675***	0.274***
18	5.036***	0.438***	41	5.870***	0.587***	64	4.504***	0.285***
19	4.627***	0.311***	42	6.692***	0.646***	65	5.835***	0.455***
20	5.492***	0.307***	43	6.282***	0.615***	66	5.369***	0.341***
21	4.875***	0.406***	44	5.947***	0.626***	67	6.671***	0.549***
22	5.530***	0.259***	46	5.622***	0.529***	68	5.824***	0.541***
23	4.412***	0.354***	47	7.279***	0.540***	69	4.581***	0.504***
25	11.073***	0.528***	48	7.149***	0.484***	70	4.326***	0.502***
26	8.035***	0.606***	49	6.842***	0.531***			
27	9.121***	0.571***	50	6.374***	0.566***			

* 表示 $p<0.05$，** 表示 $p<0.01$，*** 表示 $p<0.001$；全书同

2. 探索性因素分析

样本适切性考察在问卷初测中的主要目的是概括和简化数据，我们将应用探索性因素分析鉴定和确认各个项目的基本结构以及减少因素数目。因素分析前，先要对样本的适切性进行考察。

(1) 青少年网络自我责任心分问卷的因素结构

变量间的相关性是进行因素分析的先决条件，变量间的相关特点用 Bartlett 球形检验（Bartlett test of sphericity）和 KMO（Kaiser-Meyer-Olkin）。Bartlett 球形检验这个统计量从检验整个相关矩阵出发，其零假设是相关矩阵是单维阵，如果不能拒绝该假设的话，应该重新考虑因素分析的应用。因此在因素分析中，Bartlett 球形检验需达到显著，在本研究中，用 Bartlett 球形检验，其值为 3691.445，显著性水平为 0.001，证明其适合作因素分析。KMO 这个统计量从比较观测变量之间的简单相关系数和偏相关系数的相对大小出发，其值的范围在 0—1 之间，当所有变量之间的偏相关系数的平方和远远小于简单相关系数的平方和时，KMO 接近 1。KMO 值越小，表明观测变量越不适合作因素分析。通常按照以下标准解释该指数：0.9 以上，非常适合作因素分析；在 0.8—0.9 之间比较适合作因素分析；在 0.7—0.8 之间可以作因素分析；在 0.6—0.7 之间为一般；但在 0.6 以下则不适合作因素分析（Robert et al., 1998；刘衍玲等，2015）。本研究 KMO 检验值为 0.874，说明其比较适合作因素分析。

(2) 项目筛选

因素分析中的项目筛选要遵循以下统计学指标：(1) 碎石检验（scree test）中碎石图（Scree Plot）出现明显陡坡。根据 Cattel 等（Cattel，1966；刘衍玲等，2015）的观点，"适用"的因素数目可以通过寻找连续因子间信息量的突然下降来决定，因此要保留碎石图中明显转折（elbow）左上方的那些因子。根据理论模型（图 1.5）和碎石图（图 2.1），抽取 5 个因素，其解释总变异的 62.627%。

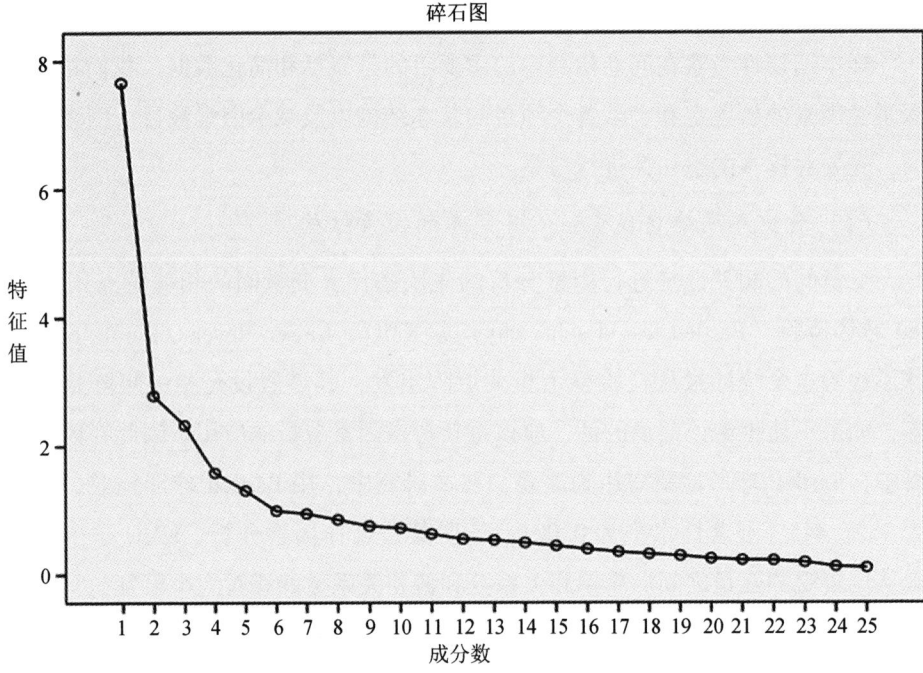

图 2.1 青少年网络自我责任心分问卷碎石图

(2) 因素负荷。因素负荷大于 0.4，并且只在一个因素上。根据因素分析理论，因素负荷表示公共因素与该题项的相关。题项在某个因素上的负荷值越大，表明该题项与公共因素关系越密切，题项反映公共因素的信息就越多；如果题项在因素上的负荷值小，则表明该题项不能反映出这些因素所代表的心理特征。根据 Kavsek，Seiffge-Krenke（1996）法则，确定将因素负荷值小于 0.4 的项目删去。

(3) 共同度。项目的共同度又称公共方差，它是各个项目信度系数的估计值（即项目在各个公共因子上负荷值的平方和）。共同度反映了所提取的公共因素对项目的贡献。共同度越大，说明变量能被所有公共因素解释程度越高，原项目信息被保留的程度也更大。依据 Kavsek，Seiffge-Krenke（1996）法则，共同度小于 0.16 的题目应该被删除。

(4) 一个因素至少有 3 个以上的题目，且因素内部的条目一致性较高。每删除一个题项，因素分析就得重新进行，直到达到一个满意的结果。经多次正交旋转，删去因素负荷小于0.4、双因素负荷均大于0.4、题项内容不一致、意思重复的题项共7题，最后得到特征值大于1、独立因素负荷大于0.4、共同度大于0.2的题项25个，组成5因素模型的初始问卷（见附表7）。具体结果见表2.3。

表2.3 青少年网络自我责任心问卷探索性因素分析结果

题项	因素1	因素2	因素3	因素4	因素5	共同度
7	0.898					0.848
6	0.892					0.853
5	0.870					0.816
4	0.848					0.820
8	0.759					0.666
14		0.878				0.839
13		0.863				0.827
15		0.831				0.775
16		0.817				0.772
12		0.503				0.509
28			0.808			0.647
25			0.782			0.686
27			0.767			0.671
26			0.716			0.671
29			0.705			0.559
33				0.691		0.514
34				0.662		0.591
35				0.607		0.513
32				0.555		0.585
20				0.504		0.449
18					0.676	0.509
21					0.648	0.464
23					0.548	0.506
22					0.514	0.492
19					0.485	0.448
特征值	7.662	2.786	2.327	1.579	1.304	
贡献率/%	16.052	15.281	14.023	9.016	8.256	62.627

从表2.3中可以看出，5个因素解释了总方差的62.627%，题项的最低负荷为0.485，最高负荷为0.898，所有题项的共同度介于0.448—0.853之间。因子命名遵循的原则：

（1）参照理论模型的构想命名。根据题项来自理论模型的维度，题项对所属维度贡献的题项越多，就以该构想维度命名。（2）参照题项因素的负荷值命名，即根据负荷值较高题项所隐含的意义来命名。据此原则，对抽取的5个因子作如下描述和命名：每个因素各抽取5个题项，第一个因素的特征值为7.662，经最大方差旋转后的方差解释率为16.062%，各题项均来自**网络色情抵制力**，因此命名为"网络色情抵制力"；第二个因素的特征值为2.786，经最大方差旋转后的方差解释率为15.281%，各题项均来自**网络攻击抑制力**，因此命名为"网络攻击抑制力"；第三个因素的特征值为2.327，经最大方差旋转后的方差解释率为14.023%，各题项均来自**网络游戏控制力**，因此命名为"网络游戏控制力"；第四个因素的特征值为1.579，经最大方差旋转后的方差解释率为9.016%，各题项均来自**网络角色关系的自制力**，因此命名为"网络角色关系的自制力"；第五个因素的特征值为1.304，经最大方差旋转后的方差解释率为8.256%，各题项均来自**网络诈骗的反制力**，因此命名为"网络诈骗的反制力"。

（3）青少年网络社会责任心分问卷的因素结构

运用前面青少年网络自我责任心分问卷探索性因素的分析方法，根据分析结果，KMO（Kaiser-Meyer-Olkin）系数为 $0.837 > 0.5$，表示变量间的共同因素较多，很适合作因素分析，此外，从Bartlett的球形度检验的卡方值为2022.60（$df = 78$）达显著性水平，表明适合作因素分析。

采用主成分分析法（Principle Factor Analysis）对网络社会责任心分问卷的32个题项进行探索性因素分析，转轴的方法为最大变异法（Varimax）。根据理论模型（见图1.5）和碎石图（Scree Plot）显示（见图2.2），抽取2个因素，其因素解释总变异的61.515%（见表2.4）。

第二章 青少年网络环境责任心问卷的编制

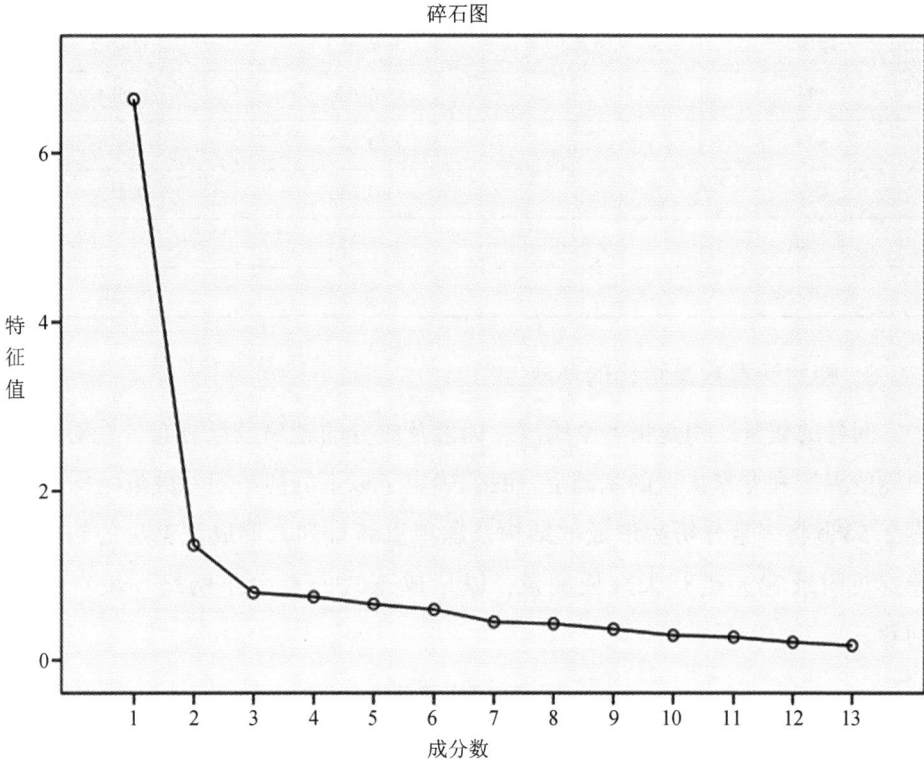

图 2.2 青少年网络社会责任心分问卷碎石图

表 2.4 青少年网络社会责任心问卷探索性因素分析结果

题项	因素 1	因素 2	共同度
42	0.803		0.756
44	0.770		0.704
50	0.768		0.632
41	0.768		0.691
43	0.758		0.648
40	0.716		0.617
49	0.692		0.500
61		0.821	0.701
62		0.760	0.616
67		0.663	0.593

— 37 —

(续表)

题项	因素1	因素2	共同度
68		0.656	0.584
59		0.647	0.518
65		0.632	0.437
特征值	6.634	1.363	
贡献率/%	34.546	26.969	61.515

3. 初始问卷数量结构的形成

问卷的数量结构是指各个维度、因素及成分的题项数量分布，在对概念内涵的界定和专家访谈的基础上，我们确定了以下的初始问卷数量结构（见表2.5），将因素分析后形成的结构及题项重新排列，形成调整后的初始问卷（见附录7），进行大规模测量，以形成正式的青少年网络环境责任心问卷。

表2.5 初始问卷数量结构形成表

变量	预测问卷题项	初测问卷题项	初始问卷题项
网络自我责任心	45	32	25
网络色情的抵制力	9	7	5
网络攻击的抑制力	9	6	5
网络诈骗的反制力	8	6	5
网络游戏的控制力	9	6	5
网络关系的自控力	10	7	5
网络社会环境责任心	40	32	13
社会主义核心价值观认同力	25	20	7
中华优秀传统文化认同力	15	12	6
测谎题	3	3	3
引导题	3	3	3
总题数	91	70	44

第二节 青少年网络环境责任心正式问卷的编制

利用初始问卷（44题）测试青少年学生1479人，初中和高中学生采用纸质问卷测试，大学生通过网络"问卷星"参与测试，删去答题不全、信息不全的初、高中学生问卷78份，同时删去答题时间低于400秒的大学生问卷196份。实际得到数据1205人，其中初中生318人，高中生189人，专科生201人，本科生497人；男生545人，女生660人。其他人口统计学信息见表2.6。通过探索性因素分析进一步修订问卷，形成正式问卷，并考察正式问卷的信度和效度。

表2.6 探索性因素分析的被试基本情况表

项目	维度	人数	百分比/%
性别	男	545	45.2
	女	660	54.8
学段	初中	318	26.4
	高中	189	15.7
	专科	201	16.7
	本科	497	41.2
留守经历	是	487	40.4
	否	718	59.6
独生子女	是	261	21.7
	否	944	78.3
家庭状况	双亲家庭	997	82.7
	单亲家庭	109	9.0
	重组家庭	73	6.1
	其他	26	2.2

(续表)

项目	维度	人数	百分比/%
家庭居住地	城市	406	33.7
	乡镇	334	27.7
	农村	465	38.6
民族	汉族	915	75.9
	少数民族	290	24.1

一、青少年网络自我责任心分问卷探索性因素分析

根据分析结果，KMO（Kaiser-Meyer-Olkin）系数为 $0.909 > 0.5$，表示变量间的共同因素较多，适合作因素分析，此外，从 Bartlett 的球形度检验的卡方值为 17896.697（df = 300）达非常显著，表明适合作因素分析。

采用主成分分析法（Principle Factor Analysis）对网络自我责任心分问卷的 25 个题项进行探索性因素分析，转轴的方法为最大变异法（Varimax）。根据理论模型（见图 1.5）和碎石图（Scree Plot）显示（见图 2.3），抽取 5 个因素，结果表明，问卷总的解释率为 64.541%（见表 2.7）。

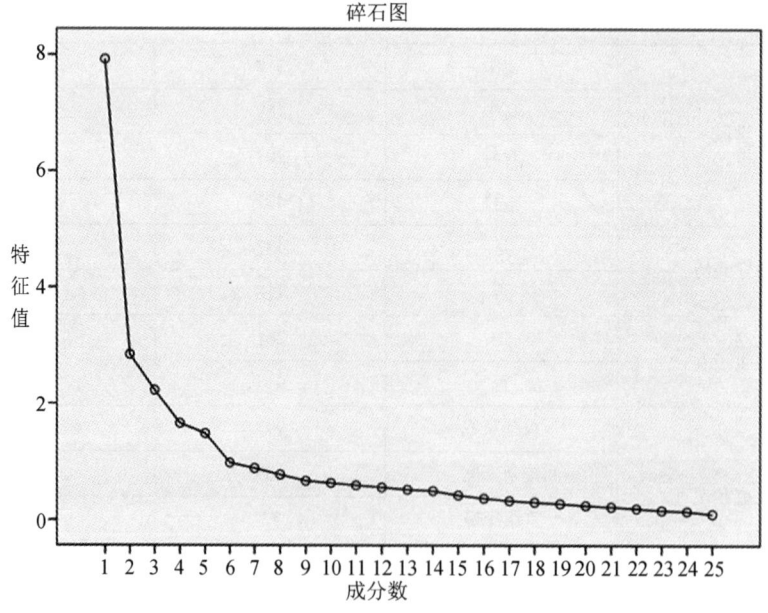

图 2.3 青少年网络自我责任心分问卷的碎石图

表 2.7 青少年网络自我责任心问卷探索性因素分析结果

题项	因素1	因素2	因素3	因素4	因素5	共同度
7	0.911					0.891
6	0.908					0.883
4	0.877					0.812
5	0.870					0.835
8	0.839					0.759
12		0.849				0.792
14		0.840				0.810
13		0.823				0.775
11		0.808				0.740
10		0.533				0.379
26			0.812			0.716
25			0.812			0.707
24			0.793			0.727
23			0.769			0.727
22			0.767			0.671
28				0.734		0.566
27				0.647		0.498
29				0.628		0.564
30				0.586		0.432
17				0.450		0.347
18					0.710	0.525
15					0.704	0.530
16					0.673	0.485
20					0.516	0.457
19					0.498	0.507
特征值	7.923	2.845	2.229	1.657	1.482	
贡献率/%	17.047	15.616	14.378	8.900	8.601	64.541

根据探索性因素分析结果可以看出，17 题的因素负荷和共同度都比较低，因此去掉 17。剩下的 24 个题项再次进行探索性因素分析，获得特征值大于 1，

因素负荷大于0.4的因素有5个,除开因素4和因素5位置变化了外,各个维度的题项都没有因旋转错位,具体结果见表2.8。

表2.8 青少年网络自我责任心正式问卷探索性因素分析结果

因素1:网络色情的抵制力(特征值:7.748;解释变异率:17.610)		
7	0.913	在网上,我会进入色情网站。
6	0.911	在网上,我会下载/看过色情电影。
4	0.879	在网上,我下载/看过色情图片。
5	0.872	网上的色情内容可以令我的心情舒畅。
8	0.841	在网上,我会下载/看过色情小说。
因素2:网络攻击的抑制力(特征值:2.839;解释变异率:16.208)		
12	0.853	我在网络上散布过关于某个人或组织的谣言。
14	0.843	我在某人的个人空间或者博客上对其进行威胁和恐吓。
13	0.826	我在某人的个人空间或者博客上对其进行辱骂或人身攻击。
11	0.814	我在网络上故意泄露他人的私密信息。
10	0.537	我在网络上和其他朋友说某人的坏话。
因素3:网络游戏的控制力(特征值:2.229;解释变异率:14.951)		
26	0.814	我常常因为专心于玩游戏而忽视了身边的许多事。
25	0.811	我花了太多的时间玩游戏,以致于影响了自己的学习。
24	0.793	游戏的时间总是太少,满足不了我的要求。
22	0.771	我玩游戏比做其他的事情要用心的多。
23	0.767	我的课余时间基本上是花在玩游戏上。
因素4:网络诈骗的反制力(特征值:1.649;解释变异率:8.923)		
18	0.717	我只选择信誉良好的公司所开设的网站购物。
15	0.699	我不相信网络世界中有"天上掉馅饼"的事情。
16	0.676	上网中,我不会点击来历不明的网络连接。
20	0.515	网络技术的发达很吸引我,我认为网上不存在欺诈行为。
19	0.499	我对网络中的免费赠品很感兴趣。
因素5:网络关系的自控力(特征值:1.416;解释变异率:8.479)		
28	0.750	在网络生活中我可以无拘无束地进行人际交往。
27	0.674	我认为在网络行为中不应受社会道德的约束。
29	0.625	我常常在网络行为中失去自我。
30	0.587	在网络行为中我常常模糊表达我内心的情感需求。
问卷总解释率:66.170%		

比没有删掉 17 题时的解释率有所提高，可见 24 题网络自我环境责任心问卷比 25 个题项的问卷更好。从因素分析的结构来看，与理想的结构更加吻合，因此决定将 5 个维度 24 个题项的网络自我责任心问卷作为青少年网络自我责任心正式问卷。在形成正式问卷的时候，将 24 个题项进行了重新排列，具体见附录 8。

二、青少年网络社会责任心分问卷探索性因素分析结果

根据分析结果，KMO（Kaiser-Meyer-Olkin）系数为 $0.909 > 0.5$，表示变量间的共同因素较多，适合作因素分析，此外，从 Bartlett 的球形度检验的卡方值为 8954.372（df = 78）达非常显著，表明适合作因素分析。

采用主成分分析法（Principle Factor Analysis）对网络自我责任心分问卷的 13 个题项进行探索性因素分析，转轴的方法为最大变异法（Varimax）。根据理论模型（见图 1.5）和碎石图（Scree Plot）显示（见图 2.4），抽取 2 个因素，结果表明，问卷总的解释率为 61.163%（见表 2.9）。

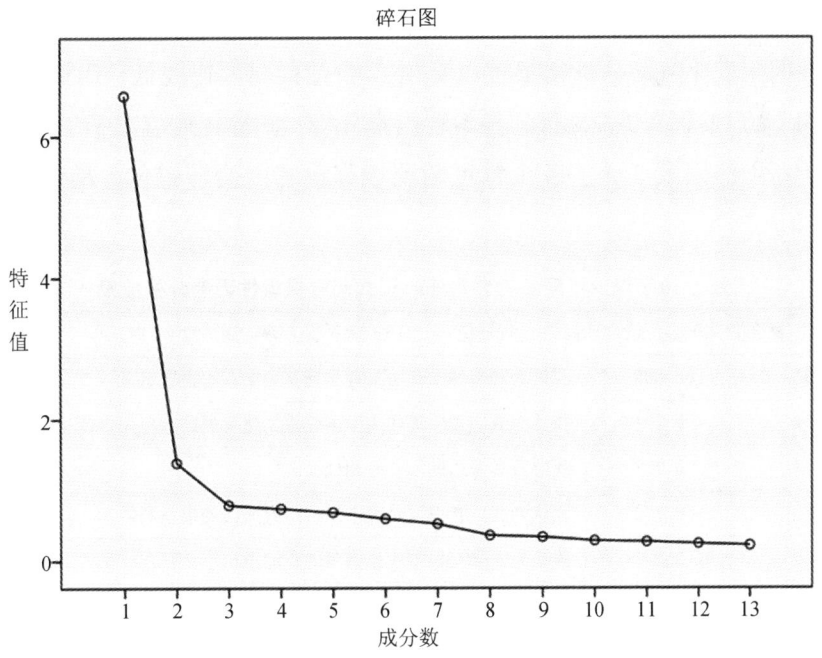

图 2.4 青少年网络社会责任心分问卷的碎石图

表 2.9　青少年网络社会责任心问卷探索性因素分析结果

题项	因素 1	因素 2	共同度
33	0.808		0.745
31	0.791		0.690
32	0.758		0.621
34	0.752		0.640
35	0.747		0.662
38	0.728		0.621
37	0.699		0.532
41		0.799	0.689
40		0.752	0.602
43		0.709	0.621
39		0.705	0.563
44		0.663	0.575
42		0.588	0.388
特征值	6.569	1.382	
贡献率%	34.088	27.074	61.163

根据探索性因素分析结果可以看出，42 题共同度比较低，因此去掉 42 题。剩下的 12 个题项再次进行探索性因素分析，获得特征值大于 1，因素负荷大于 0.4 的因素 2 个，各个维度的题项都没有因旋转错位，具体结果见表 2.10。

表 2.10　青少年网络社会责任心正式问卷探索性因素分析结果

因素 1：社会主义核心价值观认同力（特征值：6.316；解释变异率：36.722）		
33	0.808	我认为和谐的人际关系在和谐社会中占有重要意义。
31	0.791	我认为我们党应该代表中国先进文化发展的方向。
34	0.758	我愿意和身边的人友好相处。
32	0.752	我认为我们党应该代表中国最广大人民的根本利益。
35	0.747	我认为人际交往中应有更多的正能量。
38	0.728	我们的思想行为应该与时代同步。
37	0.699	我非常愿意了解那些促进时代进步发展的新科技。

(续表)

因素2：中华优秀传统文化认同力（特征值：1.329；解释变异率：26.991）		
41	0.811	我为中华民族拥有5000年文明史而自豪。
40	0.784	大运河是古代劳动人民勤劳智慧的结晶。
39	0.718	我为中国古代"四大发明"自豪。
43	0.694	我会为抗金英雄岳飞的爱国精神所感动。
44	0.674	我很赞赏关公的忠义。
问卷总解释率：66.170%		

比没有删掉42题时的解释率有所提高，可见12题网络自我环境责任心问卷比13个题项的问卷更好。从因素分析的结构来看，与理想的结构更加吻合，因此决定将2个维度12个题项的网络社会责任心问卷作为青少年网络自我责任心正式问卷。在形成正式问卷的时候，将24个题项进行了重新排列，具体见附录8。

三、信效度分析

(一) 问卷的信度分析

本研究采用同质性信度（又称Cronbach's Alpha系数）、稳定性信度（重测信度）作为问卷信度分析的指标，结果见表2.11。

表2.11 青少年网络环境责任心问卷内部一致性系数和重测信度系数

变量	Cronbach's Alpha系数（n=1205）	重测信度（n=231）
网络色情的抵制力	0.950	0.953
网络攻击的抑制力	0.877	0.900
网络游戏的控制力	0.893	0.862
网络诈骗的反制力	0.758	0.795
网络关系的自控力	0.768	0.838
网络自我责任心问卷	**0.891**	**0.807**
社会主义核心价值观认同力	0.906	0.893
中华优秀传统文化认同力	0.847	0.837
网络社会责任心问卷	**0.916**	**0.899**
总问卷	**0.919**	**0.875**

由表 2.11 可知，自编青少年网络自我责任心分问卷各个因子 Cronbach's Alpha 系数在 0.758—0.950，重测信度系数在 0.795—0.953，问卷 Cronbach's Alpha 系数为 0.891，重测信度为 0.807；自编青少年网络社会责任心分问卷两个因子的 Cronbach's Alpha 系数分别是 0.906 和 0.847，重测信度系数分别是 0.893 和 0.837，问卷 Cronbach's Alpha 系数为 0.916，重测信度为 0.899；总问卷的 Cronbach's Alpha 系数为 0.919，重测信度为 0.875。由此表明，本问卷有较好的信度。

（二）青少年网络环境责任心问卷的效度检验

检验心理测验的效度的方法很多，美国心理学会在 1974 年出版的《教育和心理测量之标准》一书中将测量效度分为内容效度、效标效度和结构效度。本研究的青少年网络环境责任心问卷基本上可以通过问卷的编制程序保证其内容效度。这里，我们着重分析和讨论问卷的结构效度和效标效度。

本书采用因素分析和相关分析来检验青少年网络环境责任心问卷的结构效度。笔者分别对青少年网络环境责任心两个维度进行了因素分析，自我维度析出 5 个成分，社会维度析出 2 个成分，与青少年网络环境责任心的理论构想结构基本一致，说明问卷具有良好的结构效度。

下面根据相关分析检验两个维度之间、以及每个维度的因素之间的结构效度。根据相关分析原理，各个维度及因素应该与问卷总分具有较高的相关，以体现问卷整体的同质性；各个分问卷内部的相关应该高于分问卷之间的相关，以体现分问卷内部的聚合效度和分问卷之间的区分效度；各分问卷之间的相关应该适当，相关过低说明青少年网络环境责任心构念上同质性太低，相关太高说明分问卷之间有重复成分。

根据心理学家 Tuker 的理论，当项目与测验总分的相关在 0.30—0.80 之间，项目的组间相关在 0.10—0.60 之间，表明测验的效度是令人满意的。本问卷各因素之间的相关以及因素与问卷总分之间的相关见表（见表 2.12），量表各维度与总量表的相关程度较高，其相关系数介于 0.570—0.936 之间，且均达到非常显著水平（$P<0.01$），说明各因素较好地反映了问卷所要测量的内容；问卷两个维度内部因素的相关（见黑体字）绝大多数高于两个维度之

间的题项的相关，说明因素之间具有一定的独立性；两个维度之间相关为0.478，说明两个维度之间有少量的重复成分。总体上，说明青少年网络环境责任心问卷具有较好的结构效度。

表 2.12 青少年网络环境责任心问卷各分问卷、因素之间以及与问卷总分之间的相关

变量	色情抵制	攻击抑制	游戏控制	诈骗反制	关系自制	自我	核心价值观	优秀文化	社会	总问卷
色情抵制	1									
攻击抑制	0.377*	1								
游戏控制	0.368**	0.445**	1							
诈骗反制	0.161*	0.478**	0.210**	1						
关系自制	0.316**	0.365**	0.429**	0.195**	1					
网络自我	0.712**	0.720**	0.761**	0.512**	0.653**	1				
核心价值观	0.165	0.394*	0.239	0.322	0.185	0.443**	1			
优秀文化	0.177	0.385	0.261	0.484	0.197	0.422	0.640**	1		
网络社会	0.188	0.430	0.273	0.421	0.209*	0.478	0.935**	0.871**	1	
总问卷	0.605**	0.708**	0.676**	0.630**	0.570**	0.936**	0.704**	0.663**	0.757**	1

**. 在.01 水平（双侧）上显著相关。

由于没有专门的青少年网络环境责任心问卷，因此我们采用大五人格简式即 NEO-FFI 量表（Costa & McCrae, 1992）中的责任性维度分量表作为青少年网络责任心问卷的比较标准，与青少年网络环境责任心问卷的总分进行相关分析。我们对 241 位大中学生进行了两个问卷的测量，本研究编制的网络环境责任心问卷与大五人格简式问卷的相关（Pearson Correlation）及其显著性检验见表。

表 2.13 自编青少年网络环境责任心与 NEO-FFI 量表中责任心维度的相关

变量	胜任力	条理性	事业心	责任感	自律性	审慎性	大五问卷总分
网络自我	-0.275*	0.112	-0.336	0.496**	-0.205**	-0.135*	0.285*
网络社会	0.125	0.218	0.276**	0.629**	0.534**	0.426**	0.561**
总问卷	0.168*	0.047	0.292*	0.473**	-0.494**	0.449**	0.613**

从表 2.13 可以看出，自编的青少年网络环境责任心问卷与大五人格责任性维度分量表大部分维度、因子间都存在不同程度的相关，相关系数为 0.205—

0.629，属于中等强度相关，两个问卷间的总相关达到 0.613。可见本研究自编的青少年网络环境责任心问卷有较好的效标关联效度。

第三节 青少年网络环境责任心问卷验证性因素分析

一、研究对象

利用青少年网络环境责任心正式问卷（42题）测试了多各省（市）的大、中学生，删除信息不全、答题不全的问卷，并通过测谎题剔除部分问卷，实际统计数据为1163人，其中男生553人，女生610人；初中生397人，高中生246人，大学生520人，中学生每个年级选两个班，大一、大二、大三各年级选两个班（包括每个年级一个专科班），大四选两个班，其他统计学信息见表2.14。通过验证性因素分析，进一步验证青少年网络环境责任心问卷的结构效度。

表2.14 验证性因素分析的被试基本情况表

项目	变量	人数	百分比
性别	男	553	47.5%
	女	610	52.5%
年级	初一	139	12.0%
	初二	133	11.4%
	初三	120	10.3%
	高一	87	7.5%
	高二	85	7.3%
	高三	82	7.1%
	大一	152	13.1%
	大二	143	12.3%
	大三	136	11.7%
	大四	86	7.4%
留守经历	是	455	39.1%
	否	708	60.9%
独生子女	是	232	19.9%
	否	931	80.1%

(续表)

项目	变量	人数	百分比
家庭结构	双亲家庭	942	81.0%
	单亲家庭	121	10.4%
	离异重组双亲	68	5.8%
	其他	32	2.8%
民族	汉族	868	74.6%
	苗族	177	15.2%
	土家族	95	8.2%
	其他少数民族	23	2.1%

二、青少年网络自我责任心分问卷验证性因素分析

(一) 模型假设

假设：青少年网络自我责任心是五因素的结构，由色情抵制、攻击抑制、诈骗反制、游戏控制、关系自制五因素构成，见图2.5。

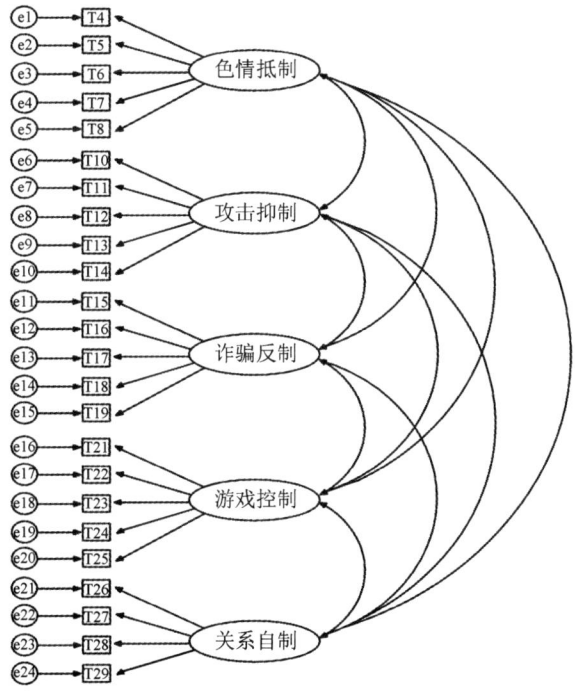

图2.5 青少年网络自我环境责任心五因素结构示意图

由于网络攻击抑制和网络诈骗反制都属于网络欺负行为的反制,它们之间存在中等强度相关(相关系数为0.478),所以假设网络自我责任心可能是一个四因素结构(见图2.6),以便与五因素结构进行对比。

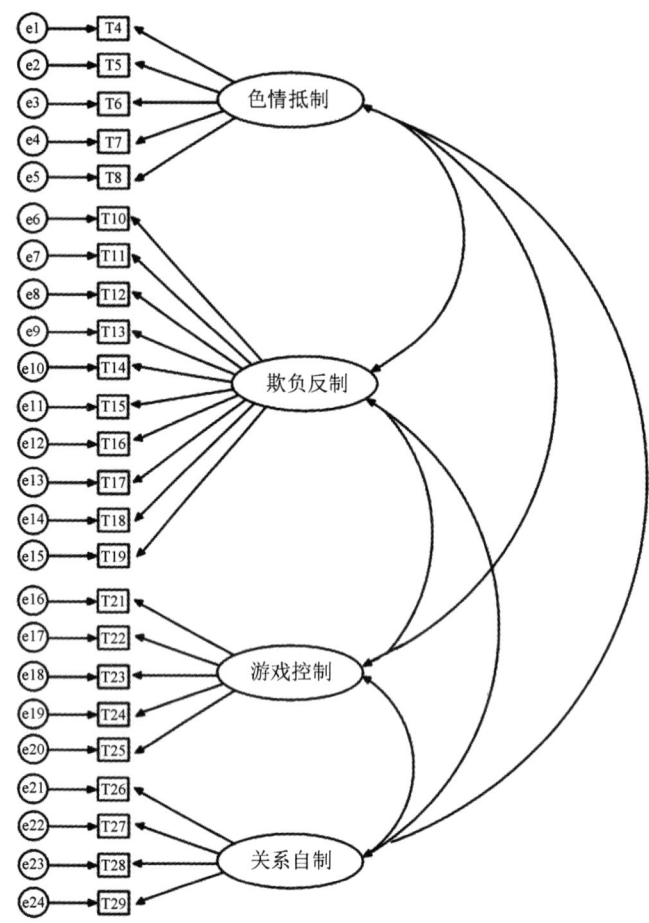

图2.6 青少年网络自我环境责任心四因素结构示意图

(二)研究结果

为了验证模型,本研究采用AMOS 22.0最大似然法进行估计,对青少年网络自我环境责任心五因素结构和四因素结构进行验证性因子分析,以检验数据与模型的拟合程度。结果见表2.15中数据。

表 2.15 网络自我责任心分问卷拟合指标（n=1163）

模型	χ^2	df	χ^2/df	CFI	AGFI	NFI	TLI	IFI	RMSEA	AIC
M1	562	242	2.321	0.957	0.939	0.943	0.954	0.957	0.036	278.33
M2	975	268	3.642	0.904	0.893	0.912	0.921	0.867	0.057	437.25

注：M1 表示青少年网络自我责任心的五因素模型，M2 表示青少年网络自我责任心的四因素模型

从表 2.15 看出，在一阶因子模型（M1）情况下，$\chi^2/df=2.32$，小于 5，RMSEA 值为 0.036，小于 0.08，CFI 为 0.957，AGFI 为 0.939，NFI 为 0.943 等各项拟合度指标均在 0.90 以上；二阶因子模型（M2）情况下，$\chi^2/df=3.64$，小于 5，RMSEA 值为 0.057，小于 0.08，CFI 为 0.904，NFI 为 0.912，TLI 为 0.921 等各项拟合度指标均在 0.90 以上，AGFI 为 0.893，IFI 为 0.867 在 0.8—0.9 之间，AIC 小于四因素模型（一般认为，AIC 越小模型越俭省），比较两个模型可以看出，虽然四因素模型的拟合度指标比较好，但相比之下，五因素模型比两因素模型各项指标更好，模型也更俭省，意义更明确。据此，证明青少年网络环境责任心问卷的五因素模型的假设成立，构建的模型图如下（见图 2.7）。

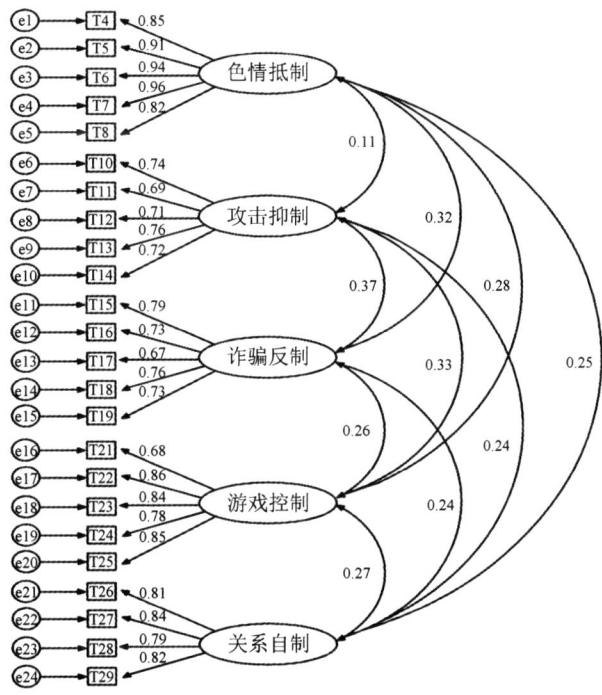

图 2.7 网络自我责任心分问卷一阶因子模型图

三、青少年网络社会责任心分问卷验证性因素分析

（一）研究假设

假设：青少年网络社会环境责任心是两个因素结构，由社会主义核心价值观认同力（简称核心观认同）和中华优秀传统文化认同力（简称优秀文化认同）两个因素构成，见图2.8。

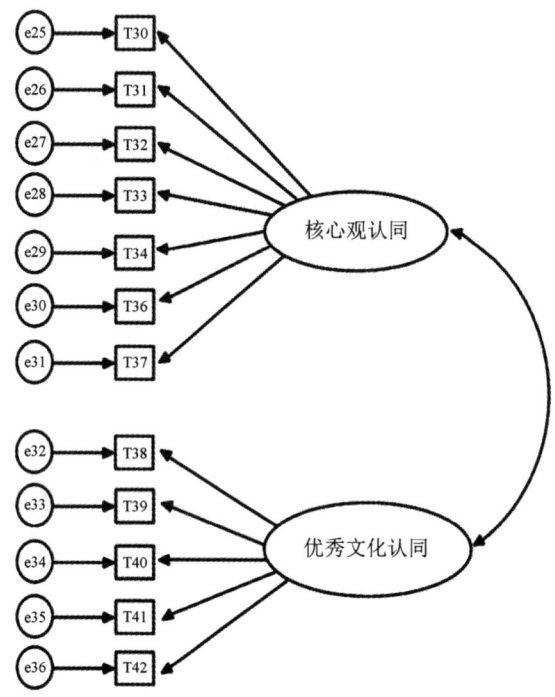

图2.8　青少年网络社会环境责任心两因素结构示意图

根据题项正式问卷题项（见附表8），32题（我认为和谐的人际关系在和谐社会中占有重要意义）、33题（我愿意和身边的人友好相处）、34题（我认为人际交往中应有更多的正能量）与人际关系和谐价值观认同有关，所以假设社会和谐价值观认同（简称和谐观认同）是一个单独的结构，青少年网络社会环境责任心是三个因素的结构（见图2.9），以便与两因素的结构相对比。

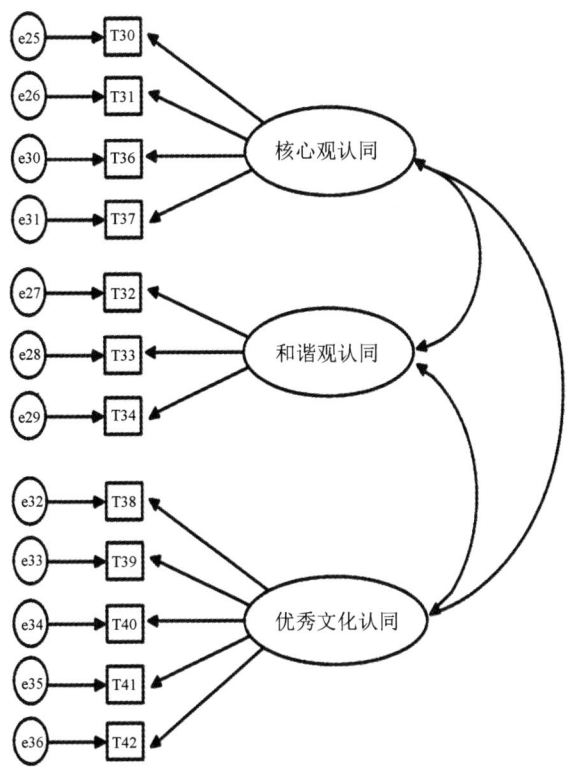

图 2.9 青少年网络社会环境责任心三因素结构示意图

(二) 研究结果

为了验证模型,本研究采用 AMOS 22.0 最大似然法进行估计,对青少年网络社会环境责任心两因素结构和三因素结构进行验证性因子分析,以检验数据与模型的拟合程度。结果见表 2.16 中数据。

表 2.16 网络自社会责任心分问卷拟合指标 (n = 1163)

模型	χ^2	df	χ^2/df	CFI	AGFI	NFI	TLI	IFI	RMSEA	AIC
M1	226	87	2.595	0.953	0.944	0.959	0.948	0.961	0.043	246.73
M2	1871	92	3.390	0.925	0.896	0.921	0.845	0.924	0.072	397.86

注:M1 表示青少年网络社会责任心的两因素模型,M2 表示青少年网络社会责任心的三因素模型

从表 2.16 中可以看出，在一阶因子模型（M1）情况下，$\chi^2/df = 2.595$，小于 5，RMSEA 值为 0.043，小于 0.08，CFI 为 0.953，AGFI 为 0.944，NFI 为 0.959 等各项拟合度指标均在 0.90 以上；二阶因子模型（M2）情况下，$\chi^2/df = 3.390$，小于 5，RMSEA 值为 0.072，小于 0.08，CFI 为 0.925，NFI 为 0.921，IFI 为 0.924 等各项拟合度指标均在 0.90 以上，AGFI 为 0.896，TLI 为 0.845 在 0.8—0.9 之间，表明模型与数据拟合很好。比较两个模型可以看出，虽然三因素模型的拟合度指标也比较好，但相比之下，两因素模型比三因素模型各项指标更好，模型也更俭省，意义更明确。据此，证明青少年网络社会环境责任心问卷的两因素模型的假设成立，构建的模型图如下（见图 2.10）。

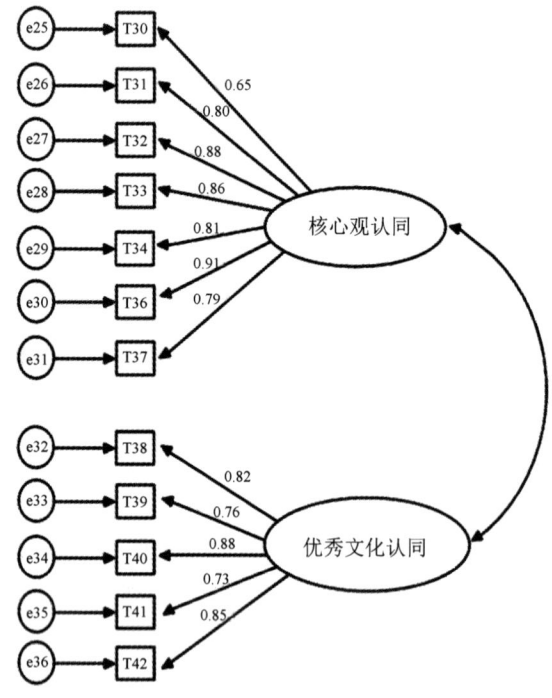

图 2.10 青少年网络社会责任心问卷两因素结构的验证性因素分析拟合图

四、青少年网络环境责任心总问卷验证性因素分析

假设：青少年网络社会环境责任心是两个因素结构，由网络自我责任心和网络社会责任心两个因素构成，见图 2.11。

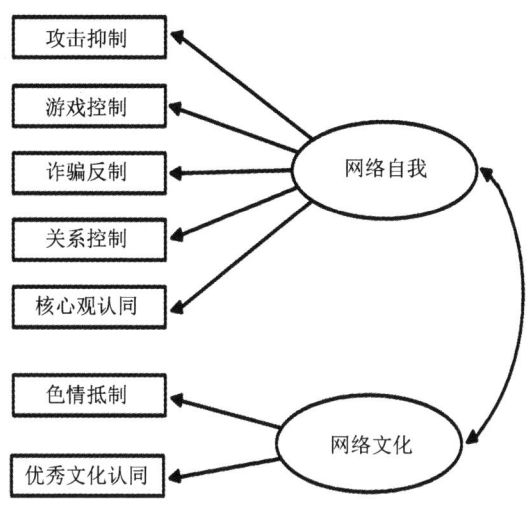

图 2.11 青少年网络社会责任心两因素结构示意图

根据正式问卷题项，攻击抑制、游戏控制和诈骗反制与网络自我有关，关系自制、社会主义核心价值观认同与网络社会有关，中华优秀传统文化和色情抵制与网络文化有关，所以假设青少年网络环境责任心是由网络自我、网络社会和网络文化三个因素构成的结构（见图2.12），以便与两因素的结构相对比。

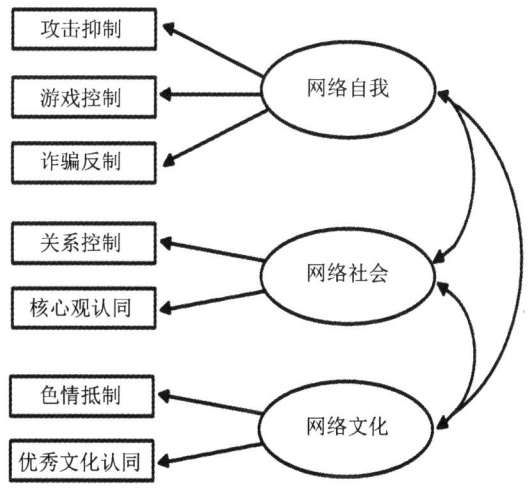

图 2.12 青少年网络社会责任心三因素结构示意图

五、研究结果

为了验证模型，本研究采用 AMOS 22.0 最大似然法进行估计，对青少年网络环境责任心三因素结构和两因素结构进行验证性因子分析，以检验数据与模型的拟合程度。结果见表 2.17 中数据。

表 2.17 网络环境责任心分问卷拟合指标（n = 1163）

模型	χ^2	df	χ^2/df	CFI	AGFI	NFI	TLI	IFI	RMSEA	AIC
M1	5561.54	1142	4.874	0.938	0.926	0.893	0.913	0.941	0.064	588.331
M2	8088.52	1186	6.823	0.889	0.876	0.822	0.901	0.915	0.072	747.274

注：M1 表示青少年网络社会责任心的两因素模型，M2 表示青少年网络社会责任心的三因素模型

从表 2.17 中可以看出，在一阶因子模型（M1）情况下，χ^2/df = 4.874，小于 5，RMSEA 值为 0.064，小于 0.08，CFI 为 0.938，AGFI 为 0.926，TLI 为

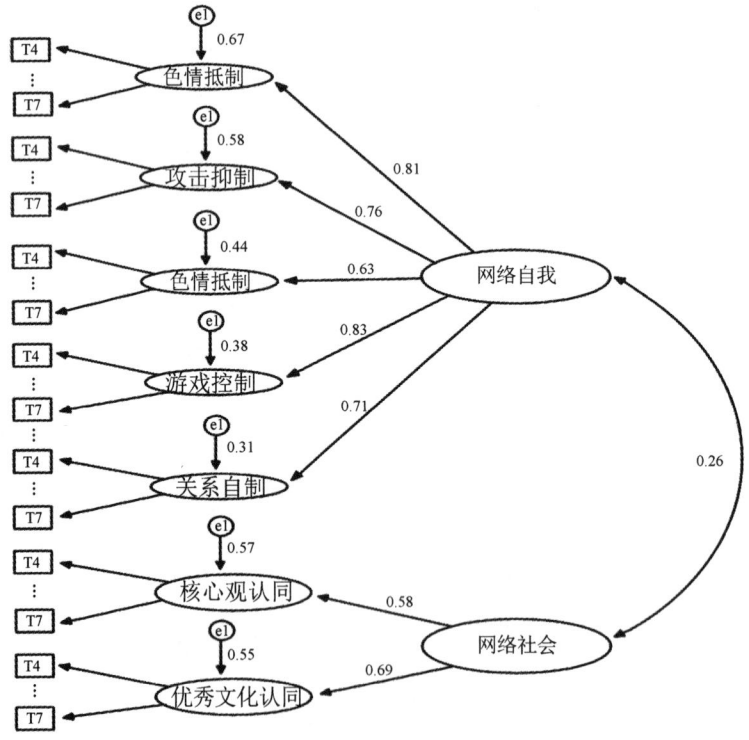

图 2.13

0.913 等各项拟合度指标均在 0.90 以上，NFI 为 0.893 接近 0.9；二阶因子模型（M2）情况下，$\chi^2/df = 6.823$，大于 5，RMSEA 值为 0.072，小于 0.08，TLI 为 0.901，IFI 为 0.915 拟合度指标在 0.90 以上，其他指标 CFI 为 0.889、AGFI 为 0.876、NFI 为 0.822 在 0.8—0.9 之间，表明模型与数据拟合很好。比较两个模型可以看出，虽然三因素模型的拟合度指标也比较好。但相比之下，两因素模型比三因素模型各项指标更好，模型也更俭省，意义更明确。据此，证明青少年网络社会环境责任心问卷的两因素模型的假设成立，构建的模型图见图 2.13。

表明模型与数据拟合很好。比较两个模型可以看出，两因素模型拟合指标更好，也更俭省，意义更明确。据此，证明青少年网络环境责任心问卷的两因素模型的假设成立，构建的模型图见图 2.13。

第四节　讨论及结论

一、关于青少年网络环境责任心结构的理论构想

责任心研究已经成为心理学研究重要课题，关于责任心理论结构构想，国外主要从责任心含义、责任对象和大五人格角度划分，而国内主要从责任机制、责任对象和责任层次划分。

本研究从心理对象的角度对青少年网络环境责任心进行理论建构，主要基于以下的思考。首先，网络环境的匿名性、掩饰性和虚拟性等特点，难以从心理机制角度具体测量青少年在网络环境中的责任认知、责任情感和责任行为等维度上的偏差。其次，考虑多学科融合的研究范式对青少年网络环境责任心的揭示会有更大价值，所以本研究在严格遵循科学测量学研究方法的基础上，结合思想政治教育、计算机科学和教育学的研究范式和研究对象，采取责任对象角度对青少年网络环境责任心进行划分。再次，考虑到网络自我责任和网络社会各个细分项目，如网络色情、网络攻击、网络游戏以及青少年社会主义核心

价值观等方面的相关研究都有比较成熟的量表，能最大限度保证测量的科学性和针对性。最后，由于责任心结构研究比较复杂，现阶段主要是静态结构方面的研究较多，不能很好解释责任心理对行为影响的机制，难以从发展、动态的多水平角度对责任心开展研究。

鉴于以上的分析，本研究依据心理测量学的相关理论和研究方法，结合思想政治教育、计算机科学和生态学等学科的研究成果和研究范式，通过文献分析、专家访谈和实证调研，最终建构了青少年网络环境责任心的理论模型。

二、关于青少年网络环境责任心的实证研究

（一）项目分析结果讨论

在文献研究、对教师访谈，以及对学生开放式问卷调查的基础上，按统计测量的基本原理和要求最初构建了由91个题项（包括3个测谎题项和3个引导题项，下同）组成的预测问卷，通过对初测问卷调查分析得到70个题项的初测问卷，根据项目分析结果，31题的决断值和与总分的相关未达到显著性水平，其余所编69个题项的决断值（CR）达到非常显著性水平（$p<0.001$），对剩余的69题进一步进行探索性因素分析。

（二）探索性因素分析结果讨论

根据测量学要求，对所编制的问卷进行因子分析，一方面因子的数量要求尽量少，另一方面因子所解释的累积变异量又要求尽可能更大，所以往往在实际进行操作时，需要对因子进行多次探索，不断权衡因子数量与解释方差变异量之间的关系，以便找到两者间的最佳平衡点。本研究运用Bartlett球形检验和KMO检验，并采用主成分分析法和最大方差法的正交旋转抽取因子，按特征根大于1的标准提取公因子，综合分析碎石图、碎石检验结果、因子累积解释的百分比，因子内涵题项的含义，发现各项指标都达到测量学要求。删除小于三个题项的对象，同时剔除在两个及以上有共同因子载荷的题项以及因子载

荷小于 0.4 的题项，共计删除 25 个题项，保留 44 个题项作为初始问卷。为进一步修订初始问卷，本研究进行了大规模测量，仍然采用探索性因素分析方法获得 42 个题项的正式问卷。

（三）验证性因素分析结果讨论

为了考察青少年网络环境责任心结构的拟合程度，即 2 个维度与 7 个因子之间的拟合度，7 个因子与对应的题项之间的拟合度，需要在探索性因素分析基础上进行验证性因素分析。衡量和检验数据拟合度和问卷结构模型的指标被称为拟合指数（goodness of fit index），常用的有卡方（χ^2）、自由度（df）、近似误差均方根（RMSEA）、比较拟合指数（CFI）、调整的拟合优度指数（AGFI）等。一般认为，较好的模型标准为：χ^2/df 值应小于等于 5，越小越好，本研究网络环境责任心两个分问卷及总问卷 χ^2/df 值分别为 2.321、2.595、4.874 均小于 5；RMSEA 在 0.08 以下，越小越好，越接近于 0 越好，本研究网络环境责任心两个分问卷及总问卷的 RMSEA 为 0.036、0.043 和 0.064，CFI、AGFI、NFI、TLI、IFI 等大多数指标均在 0.9 以上，少数指标也都在 0.8—0.9 之间，说明问卷的结构效度比较好。

三、青少年网络环境责任心问卷的信效度

本研究编制的问卷严格遵循心理量表的编制程序，具体分成 3 个步骤：（1）从已有责任、责任心、网络环境责任心等概念和结构成分出发，结合虚拟网络环境特点，在充分考虑青少年心理发展的年龄特征和多学科对网络环境责任心界定的基础上，从心理对象的角度初步构建网络环境责任心理论模型；（2）在该理论结构基础上建立问卷编制双向细目表，根据双向细目表尽量从已有的权威心理量表中选择题项，或者在充分保证内容效度基础上自编题项，形成原始问卷；（3）对原始问卷进行预测、初测和重测，对问卷进行统计分析（主要采用鉴别力分析和因素分析），修改和筛选题项，确定网络环境责任心的因素和成分，形成正式问卷。

在编制问卷时，探索性因素分析和验证性因素分析是必要的数据处理手

段。对于问卷测验，两者结果应有稳定性和一致性。本研究的目的之一是编制具有较好信效度的青少年网络环境责任心问卷，为此，本研究采用了主成分分析（对数据归类）、因素分析（缩减题项获得因子负荷模型）、项目分析（分析保留题项的鉴别力）、内部一致性分析、相关分析（检验信效度）以及验证性因素分析（对假设模型的有效性检验）等分析统计方法，严格按照程序编制出青少年网络环境责任心正式问卷，该问卷包括2个分问卷，分别是青少年网络自我环境责任心和青少年网络社会环境责任心，其中网络自我环境责任心由5个因素24个题项构成，网络社会环境责任心由2个因子13个题项构成。

从前面数据资料来看，自编青少年网络自责任心分问卷 Cronbach's Alpha 系数为0.891，重测信度为0.807；自编青少年网络社会责任心分问卷问卷 Cronbach's Alpha 系数为0.916，重测信度为0.899；总问卷的 Cronbach's Alpha 系数为0.919，重测信度为0.875。这些数据表明本问卷有较好的信度。分量表及各因子与总量表的相关程度较高，其结构效度系数介于0.605—0.936之间，均达到了极其显著性水平（$P < 0.001$），说明各个维度、因子和题项较好地反映了问卷所要测量的内容。效标关联效度来看，虽然没有专门的青少年网络环境责任心问卷，但两个分问卷与大五人格简式（NEO-FFI）量表（Costa & McCrae, 1992）中的责任性维度分量表的在各个因子以及总分的两两相关上都有显著相关，相关系数从0.205—0.629，均达到显著水平（$P < 0.05$），属于中等强度相关。说明自编的青少年网络环境责任心问卷有较好的效标关联效度。以上数据资料表明，本研究自编的青少年网络环境责任心问卷有较好信度和效度，可以作为研究青少年网络环境责任心的工具。不过，青少年网络环境责任心的概念，结构的科学分析与界定仍处于初步探索阶段，本研究所获得的维度结构有待其他研究者的进一步验证。

第三章 青少年网络环境责任心发展特征分析

青少年是国家的未来、民族的希望，肩负着实现中华民族的伟大复兴、建设社会主义现代化强国的历史重任。青少年网络环境责任教育已受到思想政治教育、教育学、新闻学等多学科研究者的关注，为进一步丰富青少年网络环境责任心研究视角和研究内容，本研究采用心理测量学的相关技术编制了青少年网络环境责任心问卷，期望了解当代青少年网络环境责任心发展特点。

本书以大、中学生为研究对象，采用课题组编制的青少年网络环境责任心测评工具，从我国东部、中部和西部地区23所大中学校（附录10中的序号为1到23的大中学校）抽取全日制在校大、中学生4185人作为被试（包括正式问卷探索性因素分析和验证性因素分析的被试），删去信息不全、题项回答缺失及有误的问卷553份，得到有效问卷3632份，有效率为86.79%。其具体构成情况见表3.1。研究者采用SPSS18.0 for Windows统计软件进行处理和分析。

表 3.1 青少年网络环境责任心分析的被试基本情况表

项目	变量	人数	百分比
性别	男	1571	39.8%
	女	2061	60.2%

(续表)

项目	变量		人数	百分比	
学段	初中	一年级	359	9.9%	31.0%
		二年级	361	9.9%	
		三年级	406	11.2%	
	高中	一年级	253	7.0%	18.9%
		二年级	233	6.4%	
		三年级	201	5.5%	
	大学	一年级	575	15.8%	50.1%
		二年级	707	19.5%	
		三年级	322	8.9%	
		四年级	215	5.9%	
留守儿童（经历）	是		1446	39.8%	
	否		2186	60.2%	
独生子女	是		814	22.4%	
	否		2418	77.6%	
家庭结构	双亲家庭		2941	81.0%	
	单亲家庭		343	9.4%	
	重组双亲家庭		234	6.4%	
	其他		114	3.1%	
家庭来源	城市		1184	32.6%	
	乡镇		1080	29.7%	
	农村		1368	37.7%	

第一节 青少年网络环境责任心总体特征分析

一、青少年网络环境责任心总体情况

为了考察中小学青少年网络环境责任心的总体特征,我们对参与本次调查的3632名大、中学生网络环境责任心各维度上的平均数和标准差进行了统计。其中,最高为5分,最低为1分,中等临界值为3分。得分越高说明其网络环境责任心越积极明确,得分越低说明其网络环境责任心越消极含糊。由表3.2和图3.1可见,青少年网络环境责任心的总平均分为4.3423,高于中等临界值,属于中等偏高水平。因此,从总体上看,我国青少年网络环境责任心呈现比较积极明确的发展态势,但同时也存在着发展不平衡的问题。

表3.2 青少年网络环境责任心的总体情况

变量	题项数	均值	标准差
网络自我责任	24	4.2040	0.572 54
色情抵制	5	4.3288	1.010 36
攻击抑制	5	4.5552	0.678 27
诈骗反制	5	4.3550	0.668 27
游戏控制	5	3.9256	0.957 15
关系自制	4	3.8555	0.869 14
网络社会责任	12	4.4805	0.622 33
核心观认同	7	4.4566	0.680 88
优秀文化认同	5	4.5045	0.690 72
总问卷	36	4.3423	0.510 53

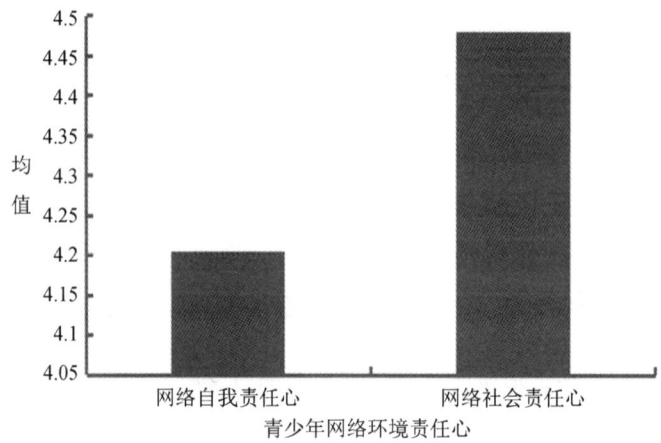

图 3.1　青少年网络环境责任心总体状况柱状图

为了从横向上考察青少年网络环境责任心总体发展特点，我们把青少年网络环境责任心两个分问卷的进行配对样本平均数差异量的显著性检验，结果见表 3.3，两个分问卷之间的差异非常显著，表明我国青少年网络社会责任心显著高于网络自我责任心的发展水平。

表 3.3　青少年网络环境责任心分问卷水平比较

因子配对	均值	标准差	t	df	Sig.（双侧）
网络自我责任心—网络社会责任心	-0.27653	0.62260	-26.767	3631	0.000

二、青少年网络自我责任心总体情况

由表 3.4 可见，青少年网络自我责任心分问卷总平均分为 4.2040，属中等偏高水平。从 5 个因子上看，网络攻击抑制最高，网络关系自制较最低，各平均值大小依次为：攻击抑制＞诈骗反制＞色情抑制＞游戏控制＞关系自制。见图 3.2。

表 3.4　青少年网络自我责任心问卷的总体情况

变量	均值	标准差
色情抵制	4.3288	1.01036
攻击抑制	4.5552	0.67827

(续表)

变量	均值	标准差
诈骗反制	4.3550	0.66827
游戏控制	3.9256	0.95715
关系自制	3.8555	0.86914
网络自我责任	4.2040	0.57254

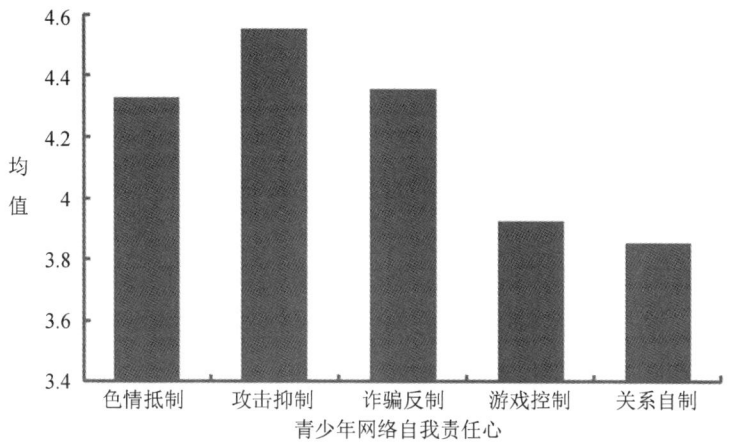

图3.2 青少年网络自我责任心状况柱状图

为了从横向上考察青少年网络自我责任心发展特点，我们把青少年网络自我责任心分问卷5个因子两两配对进行配对组平均值的差异量的显著性检验，结果见表3.5，各分问卷之间除诈骗反制不显著高于色情抵制外，其余9对均呈现显著性差异，表明我国青少年网络自我责任心发展是极不平衡的。色情抵制显著高于攻击抑制、游戏控制和关系自制；攻击抑制显著高于诈骗反制、游戏控制和关系控制；诈骗反制显著高于游戏控制和关系控制；游戏控制显著高于关系自制。

表3.5 青少年网络自我责任心分问卷各因子水平比较

因子配对	均值	标准差	t	df	Sig.（双侧）
色情抵制—攻击抑制	-.22638	0.98890	-13.796	3631	.000
色情抵制—诈骗反制	-.02621	1.12474	-1.404	3631	.160
色情抵制—游戏控制	.40325	1.10278	22.037	3631	.000

(续表)

因子配对	均值	标准差	t	df	Sig.（双侧）
色情抵制—关系自制	.47328	1.09864	25.962	3631	.000
攻击抑制—诈骗反制	.20017	0.77242	15.617	3631	.000
攻击抑制—游戏控制	.62963	0.88522	42.865	3631	.000
攻击抑制—关系自制	.69966	0.85381	49.385	3631	.000
诈骗反制—游戏控制	.42946	1.05892	24.442	3631	.000
诈骗反制—关系自制	.49949	0.98141	30.673	3631	.000
游戏控制—关系自制	.07003	0.96959	4.353	3631	.000

三、青少年网络社会责任心总体情况

由表3.6可见，青少年网络社会责任心分问卷总平均分为4.4805，属于比较高的水平；从2个因子上看，中华优秀传统文化认同高于社会主义核心价值观认同，均值分别为4.5045和4.4566，见图3.3。

表3.6 青少年网络社会责任心总体情况

变量	均值	标准差
核心观认同	4.4566	0.68088
优秀文化认同	4.5045	0.69072
网络社会责任	4.4805	0.62233

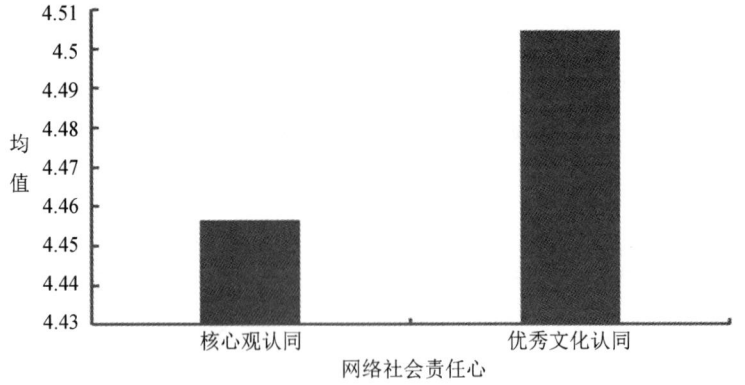

图3.3 青少年网络社会责任心状况柱状图

把青少年网络社会责任心两个因子进行配对样本平均数差异量显著性检验，结果见表 3.7，两个因子之间的差异非常显著，表明我国青少年对中华优秀传统文化认同显著高于社会主义核心价值观认同。

表 3.7　青少年网络社会责任心两个因子水平比较

因子配对	均值	标准差	t	df	Sig.（双侧）
核心观认同—优秀文化认同	-.04784	0.57636	5.003	3631	0.000

第二节　青少年网络环境责任心的发展特点

本研究通过比较不同性别、学段、家庭来源等青少年在网络环境责任心上的差异，分析总结目前国内青少年网络环境责任心的发展特点。

一、青少年网络环境责任心的性别差异

（一）性别总体差异情况

以性别为自变量，以青少年网络环境责任心现状总分及其各维度、各因子的平均分为因变量进行 t 检验。从表 3.8 和图 3.4 可以看出，青少年网络环境责任心在性别上存在显著差异，女生的平均分要高于男生并且差异极其显著，女生总体的网络环境责任心比男生更明确更积极。在青少年网络环境责任心及其各个维度、各因子中在性别上均存在极其显著差异，男生的总平均分为 4.206，女生为 4.447。

表 3.8　青少年网络环境责任心的性别差异分析表

变量	$M \pm SD$		t	Sig.
	男（n=1571）	女（n=2061）		
网络自我责任	4.016±0.620	4.348±0.488	-18.055	0.000
色情抵制	4.017±1.184	4.567±0.775	-16.848	0.000

(续表)

变量	M ± SD		t	Sig.
	男（n = 1571）	女（n = 2061）		
攻击抑制	4.463 ± 0.784	4.625 ± 0.575	-7.179	0.000
诈骗反制	4.263 ± 0.739	4.425 ± 0.600	-7.305	0.000
游戏控制	3.613 ± 0.965	4.164 ± 0.880	-17.916	0.000
关系自制	3.723 ± 0.950	3.957 ± 0.788	-8.127	0.000
网络社会责任	4.395 ± 0.703	4.546 ± 0.544	-7.257	0.000
核心观认同	4.368 ± 0.768	4.524 ± 0.597	-6.905	0.000
优秀文化认同	4.423 ± 0.771	4.567 ± 0.615	-6.254	0.000
总问卷	4.206 ± 0.560	4.447 ± 0.441	-14.491	0.000

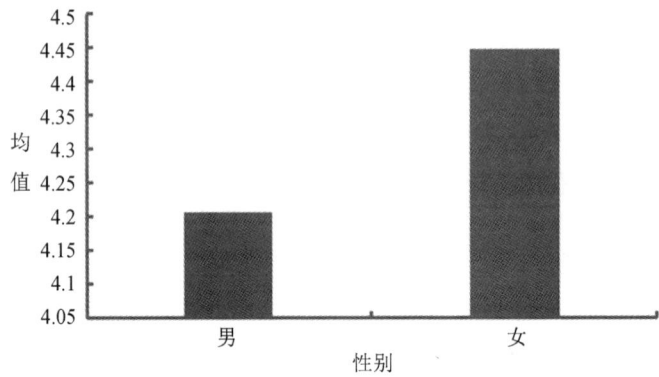

图 3.4 青少年网络环境责任心性别差异柱状图

（二）性别在网络自我责任心分问卷的差异情况

由表 3.9 和图 3.5 可以看出，青少年网络自我责任心分问卷的 5 个因子在性别上均存在极其显著差异。女生在色情抵制、攻击抑制、诈骗反制、游戏控制和关系自制五个因子上都比男生明显积极和明确。

表3.9 青少年网络自我责任心分问卷的性别差异分析表

变量	$M \pm SD$		t	Sig.
	男	女		
色情抵制	4.017 ± 1.184	4.567 ± 0.775	−16.848	0.000
攻击抑制	4.463 ± 0.784	4.625 ± 0.575	−7.179	0.000
诈骗反制	4.263 ± 0.739	4.425 ± 0.600	−7.305	0.000
游戏控制	3.613 ± 0.965	4.164 ± 0.880	−17.916	0.000
关系自制	3.723 ± 0.950	3.957 ± 0.788	−8.127	0.000

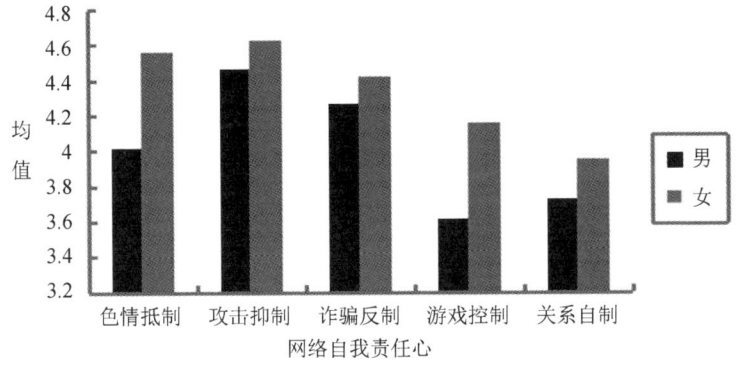

图3.5 青少年网络自我责任心性别差异柱状图

（三）性别在网络社会责任心分问卷的差异情况

由表3.10和图3.6可以看出，青少年网络社会责任心分问卷的2个因子在性别上均存在极其显著差异。女生在社会主义核心价值观认同和中华传统正能量文化认同两个因子上都比男生明显积极和明确。

表3.10 青少年网络环境责任心的性别差异分析表

变量	$M \pm SD$		t	Sig.
	男	女		
核心观认同	4.368 ± 0.768	4.524 ± 0.597	−6.905	0.000
优秀文化认同	4.423 ± 0.771	4.567 ± 0.615	−6.254	0.000

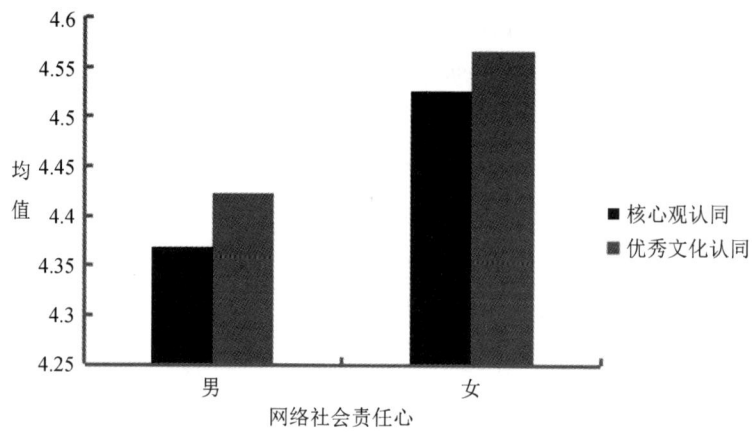

图 3.6　青少年网络社会责任心性别差异柱状图

二、青少年网络环境责任心的学段差异

以学段为自变量，青少年网络环境责任心现状总分及其各维度、各因子的平均得分为因变量，进行多元方差分析。青少年网络环境责任心在学段上存在显著差异，大学生的平均得分明显高于初中生和高中生，而后两者的平均水平相当；大学生的网络环境责任心比中学生更积极、更明确。

（一）学段总体差异情况

从整体上看，青少年网络环境责任心在学段上存在极其显著差异。大学生的网络责任心水平明显高于初中生和高中生，而后两者水平相当，见表 3.11 和图 3.7。从青少年网络环境责任心的各个维度、各个因子上看，除"网络关系自制"因子外，其余各维度、各因子在学段上均存在显著差异。

表 3.11　青少年网络环境责任心的学段差异分析表

变量	$M \pm SD$			F	p	事后检验
	初中（n=1126）	高中（n=687）	大学（n=1819）			
网络自我责任	4.166±0.613	4.216±0.533	4.223±0.560	3.572	0.028	3>1
色情抵制	4.619±0.836	4.377±1.005	4.131±1.065	85.738	0.000	1>2>3
攻击抑制	4.506±0.788	4.582±0.614	4.576±0.625	4.310	0.014	3>1

(续表)

变量	M ± SD			F	p	事后检验
	初中（n=1126）	高中（n=687）	大学（n=1819）			
诈骗反制	4.139±0.800	4.353±0.642	4.490±0.542	101.338	0.000	3>2>1
游戏控制	3.755±1.000	3.875±0.916	4.050±0.927	34.770	0.000	3>2>1
关系自制	3.813±0.944	3.891±0.834	3.868±0.833	2.096	0.123	
网络社会责任	4.357±0.735	4.419±0.626	4.581±0.520	50.435	0.000	3>1;3>1
核心观认同	4.296±0.789	4.402±0.676	4.577±0.580	63.791	0.000	3>2>1
优秀文化认同	4.417±0.812	4.436±0.725	4.584±0.577	24.874	0.000	3>2;3>1
总问卷	4.262±0.581	4.317±0.490	4.402±0.461	27.629	0.000	3>2;3>1

注：1=初中，2=高中，3=大学

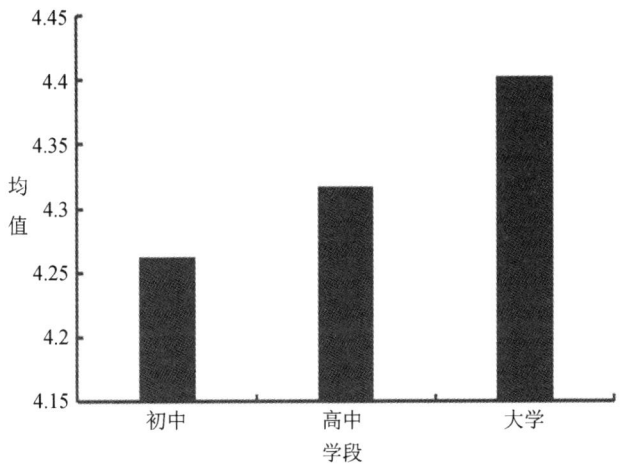

图3.7 青少年网络环境责任心学段差异柱状图

（二）学段在网络自我责任心分问卷的差异情况

如表3.12和图3.8所示，青少年网络自我责任心分问卷的4个因子，即色情抵制、攻击抑制、诈骗反制和游戏控制，在学段上都存在着显著的差异；在"色情抵制"因子上，初中生显著高于高中生，高中生显著高于大学生；在"攻击抑制"因子上，大学生显著高于初中生，初中生和高中生没有显著差异；在"诈骗反制和游戏控制"因子上，大学生显著高于高中生，高中生显著高于初中生；在"关系自制"因子上，各个学段间均无显著性差异。

表 3.12 青少年网络自我责任心的学段差异分析表

变量	M ± SD			F	p	事后检验
	初中（n = 1126）	高中（n = 687）	大学（n = 1819）			
色情抵制	4.619 ± 0.836	4.377 ± 1.005	4.131 ± 1.065	85.738	0.000	1 > 2 > 3
攻击抑制	4.506 ± 0.788	4.582 ± 0.614	4.576 ± 0.625	4.310	0.014	3 > 1
诈骗反制	4.139 ± 0.800	4.353 ± 0.642	4.490 ± 0.542	101.338	0.000	3 > 2 > 1
游戏控制	3.755 ± 1.000	3.875 ± 0.916	4.050 ± 0.927	34.770	0.000	3 > 2 > 1
关系自制	3.813 ± 0.944	3.891 ± 0.834	3.868 ± 0.833	2.096	0.123	

注：1 = 初中，2 = 高中，3 = 大学

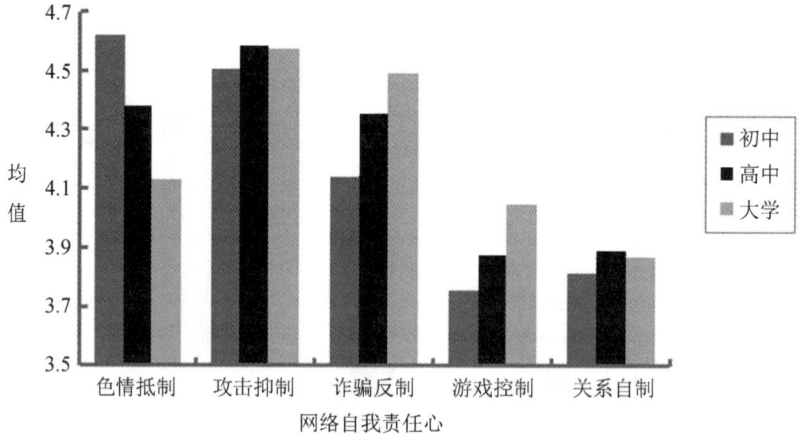

图 3.8 青少年网络自我责任心学段差异柱状图

（三）学段在网络社会责任心分问卷的差异情况

由表 3.13 和图 3.9 可以看出，青少年网络社会责任心分问卷的 2 个因子即"社会主义核心价值观认同和中华传统正能量文化认同"在学段上都存在着极其显著的差异，在"社会主义核心价值观认同"因子上，大学生显著高于高中生，高中生显著高于初中生；在"中华传统正能量文化认同"因子上，大学生显著高于高中生，大学生显著高于初中生，初中生和高中生之间无显著差异。

表 3.13 青少年网络社会责任心的学段差异分析表

变量	M ± SD			F	p	事后检验
	初中 (n=1126)	高中 (n=687)	大学 (n=1819)			
核心观认同	4.296 ± 0.789	4.402 ± 0.676	4.577 ± 0.580	63.791	0.000	3>2>1
优秀文化认同	4.417 ± 0.812	4.436 ± 0.725	4.584 ± 0.577	24.874	0.000	3>2；3>1

注：1=初中，2=高中，3=大学

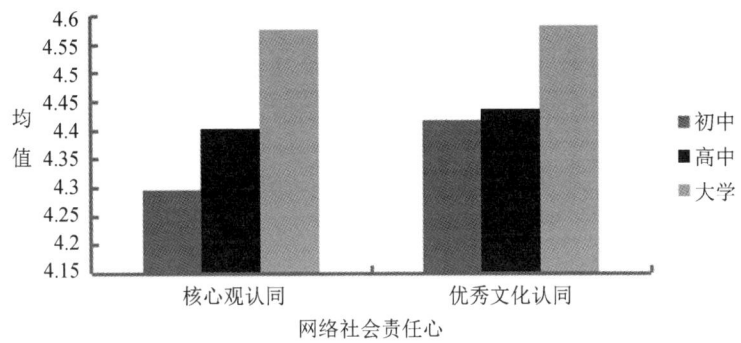

图3.9 青少年网络社会责任心学段差异柱状图

三、青少年网络环境责任心在留守经历上的差异

(一) 留守经历总体差异情况

以自变量，以青少年网络环境责任心现状总分及其各维度、各因子的平均分为因变量进行 t 检验。从表 3.14 和图 3.10 可以看出，青少年网络环境责任心在留守经历上不存在显著差异；在分问卷中，青少年网络自我责任心在留守经历上存在显著差异，非留守经历显著高于留守经历，青少年网络社会责任心在留守经历上不存在显著差异。

表 3.14 青少年网络环境责任心的留守经历差异分析表

变量	M ± SD		t	Sig.
	留守 (n=1446)	非留守 (n=2186)		
网络自我责任	4.168 ± 0.595	4.228 ± 0.556	−3.068	0.002
色情抵制	4.247 ± 1.045	4.383 ± 0.983	−3.968	0.000

(续表)

变量	M ± SD		t	Sig.
	留守（n = 1446）	非留守（n = 2186）		
攻击抑制	4.530 ± 0.707	4.572 ± 0.658	-1.809	0.071
诈骗反制	4.383 ± 0.633	4.337 ± 0.690	2.022	0.043
游戏控制	3.872 ± 0.985	3.961 ± 0.937	-2.742	0.006
关系自制	3.809 ± 0.886	3.886 ± 0.856	-2.618	0.009
网络社会责任	4.501 ± 0.598	4.467 ± 0.637	1.599	0.110
核心观认同	4.472 ± 0.668	4.446 ± 0.689	1.132	0.258
优秀文化认同	4.529 ± 0.653	4.488 ± 0.714	1.765	0.078
总问卷	4.335 ± 0.512	4.347 ± 0.510	-0.744	0.457

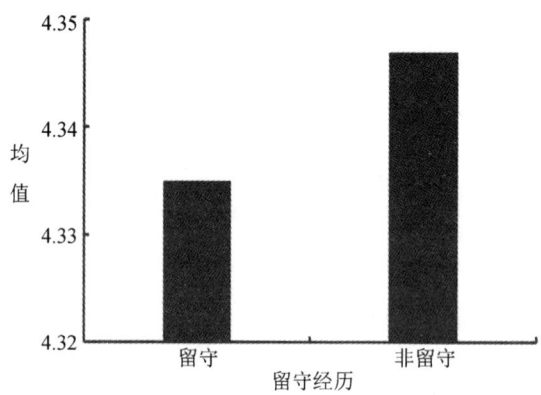

图 3.10 青少年网络环境责任心留守经历差异柱状图

（二）留守经历在网络自我责任心分问卷的差异情况

由表 3.15 和图 3.11 可以看出，青少年网络自我责任心分问卷的 4 个因子（色情抵制、诈骗反制、游戏控制和关系控制）在留守经历上均存在显著差异，在攻击抑制因子上不存在显著差异。表明非留守经历在色情抵制、诈骗反制、游戏控制和关系自制 4 个因子上都比留守经历明显积极和明确。

表 3.15　青少年网络自我责任心的留守经历差异分析表

变量	$M \pm SD$		t	Sig.
	留守 (n=1446)	非留守 (n=2186)		
色情抵制	4.247±1.045	4.383±0.983	-3.968	0.000
攻击抑制	4.530±0.707	4.572±0.658	-1.809	0.071
诈骗反制	4.383±0.633	4.337±0.690	2.022	0.043
游戏控制	3.872±0.985	3.961±0.937	-2.742	0.006
关系自制	3.809±0.886	3.886±0.856	-2.618	0.009

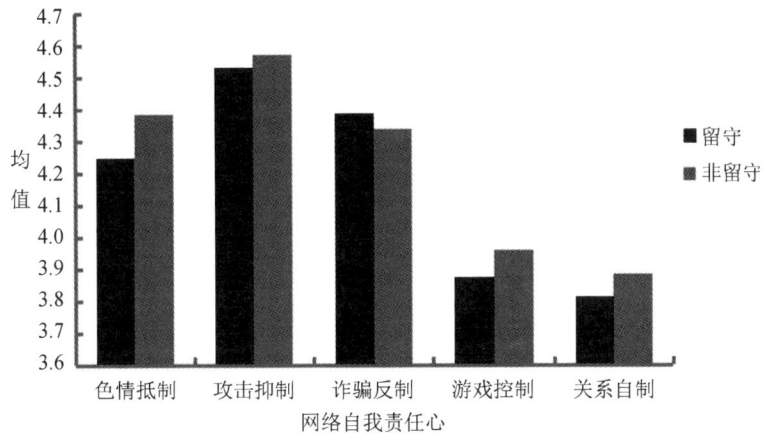

图 3.11　青少年网络自我责任心留守经历差异柱状图

（三）留守经历在网络社会责任心分问卷的差异情况

由表 3.16 和图 3.12 可以看出,青少年网络社会责任心分问卷的 2 个因子在留守经历上不存在显著差异。说明留守经历这个变量对青少年社会网络环境责任心没有影响。

表 3.16　青少年网络社会责任心的留守经历差异分析表

变量	$M \pm SD$		t	Sig.
	留守 (n=1446)	非留守 (n=2186)		
核心观认同	4.472±0.668	4.446±0.689	1.132	0.258
优秀文化认同	4.529±0.653	4.488±0.714	1.765	0.078

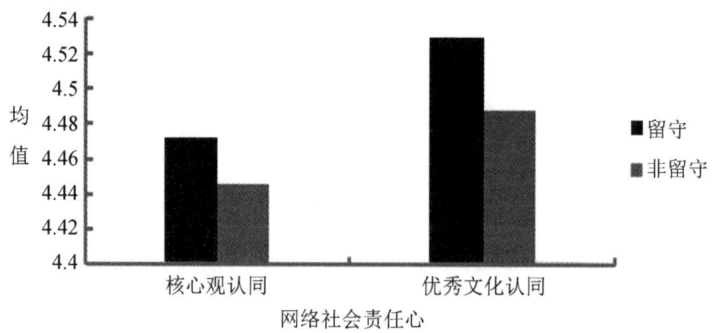

图 3.12 青少年网络社会责任心留守经历差异柱状图

四、青少年网络环境责任心在独生子女类别上差异

(一) 独生子女类别总体差异情况

以是否独生子女为自变量,以青少年网络环境责任心现状总分及其各维度、各因子的平均分为因变量进行 t 检验。从表 3.17 和图 2.13 可以看出,除"色情抵制""诈骗反制""核心价值观认同"3 个因子以及网络社会责任心分问卷存在显著性差异之外,青少年网络环境责任心在其他变量上不存在独生子女类别差异。

表 3.17 青少年网络环境责任心在独生子女类别上差异分析表

变量	$M \pm SD$		t	Sig.
	独生 (n=814)	非独生 (n=2818)		
网络自我责任	4.196±0.566	4.206±0.575	-0.460	0.646
色情抵制	4.171±0.071	4.374±0.988	-5.084	0.000
攻击抑制	4.562±0.649	4.553±0.687	0.310	0.757
诈骗反制	4.441±0.608	4.330±0.683	4.155	0.000
游戏控制	3.954±0.948	3.918±0.960	0.948	0.343
关系自制	3.853±0.862	3.856±0.871	-0.098	0.922
网络社会责任	4.526±0.583	4.468±0.633	2.348	0.019
核心观认同	4.513±0.633	4.440±0.693	2.692	0.007

(续表)

变量	$M \pm SD$		t	Sig.
	独生（n=814）	非独生（n=2818）		
优秀文化认同	4.538±0.652	4.495±0.701	1.577	0.115
总问卷	4.361±0.481	4.337±0.519	1.172	0.241

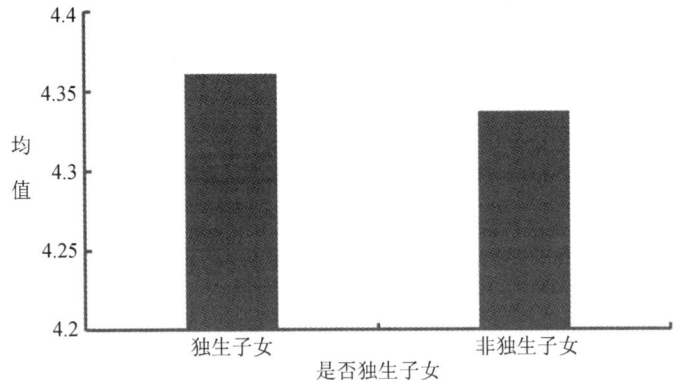

图3.13 青少年网络环境责任心在独生子女类别上差异柱状图

（二）独生子女类别在网络自我责任心分问卷的差异情况

由表3.18和图3.14可以看出，青少年网络自我责任心分问卷的2个因子即"色情抵制和诈骗反制"在独生子女类别上存在极其显著差异，在"色情抵制"因子上，非独生子女高于独生子女，在"诈骗反制"因子上，独生子女高于非独生子女。另外，网络自我责任心的其他3个因子在独生子女类别上不存在显著差异。

表3.18 青少年网络自我责任心在独生子女类别上差异分析表

变量	$M \pm SD$		t	Sig.
	独生（n=814）	非独生（n=2818）		
色情抵制	4.171±0.071	4.374±0.988	-5.084	0.000
攻击抑制	4.562±0.649	4.553±0.687	0.310	0.757
诈骗反制	4.441±0.608	4.330±0.683	4.155	0.000
游戏控制	3.954±0.948	3.918±0.960	0.948	0.343
关系自制	3.853±0.862	3.856±0.871	-0.098	0.922

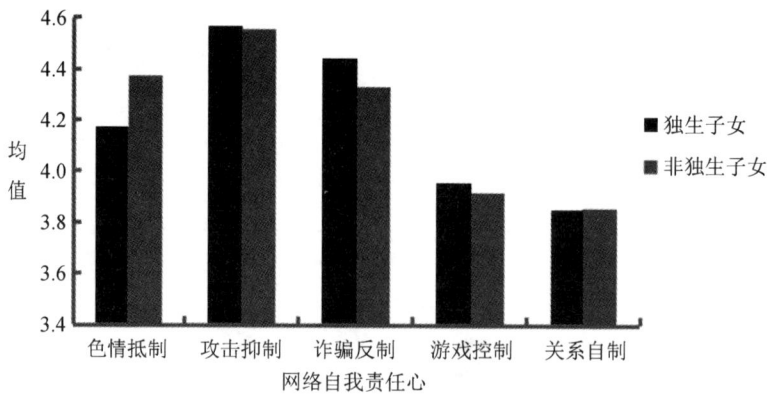

图 3.14　青少年网络自我责任心在独生子女类别上差异柱状图

(三) 独生子女类别在网络社会责任心分问卷的差异情况

由表 3.19 和图 3.15 可以看出独生子女类别在网络社会责任心分问卷的差异情况，青少年网络社会责任心在"社会主义核心价值观认同"因子上存在显著差异，独生子女显著高于非独生子女，青少年网络社会责任心在"中华优秀文化认同"方面不存在显著差异。

表 3.19　青少年网络社会责任心在独生子女类别上差异分析表

变量	$M \pm SD$		t	Sig.
	独生（n = 814）	非独生（n = 2818）		
核心观认同	4.513 ± 0.633	4.440 ± 0.693	2.692	0.007
优秀文化认同	4.538 ± 0.652	4.495 ± 0.701	1.577	0.115

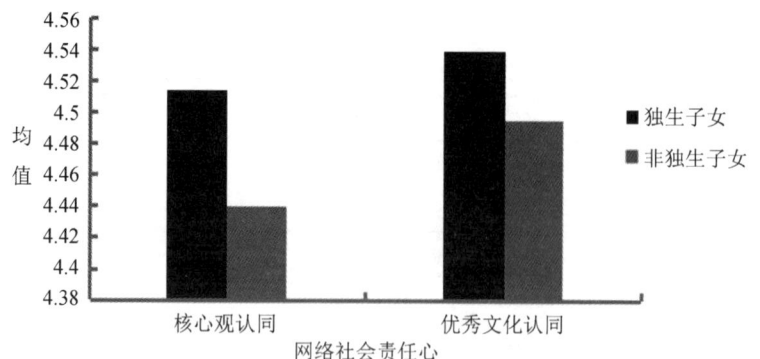

图 3.15　青少年网络社会责任心在独生子女类别上的差异柱状图

五、青少年网络环境责任心的家庭结构差异

青少年家庭结构主要是指家庭中重要成员（即父母）的构成情况，大致可分为四种情况：一是与双亲（亲生父母）一起生活，二是与单亲（父亲或者母亲）一起生活，三是与重组双亲（包括离异重组双亲和丧偶重组双亲）一起生活，四是大多数时候与父母以外的其他亲人（如爷爷、奶奶）一起生活。

（一）家庭结构总体差异情况

以家庭结构为自变量，青少年网络环境责任心现状总分及其各维度、各因子的平均得分为因变量，进行多元方差分析。从整体上看，青少年网络环境责任心在家庭结构上存在极其显著差异，见表3.20和图3.16，双亲家庭和重组双亲家庭的平均得分显著高于其他家庭，双亲家庭、单亲家庭和重组家庭水平相当，说明双亲家庭、单亲家庭和重组家庭青少年比其他家庭青少年更积极、更明确。从分问卷上看，网络自我责任心和网络社会责任心均存在极其显著差异，在网络自我责任心分问卷上，重组双亲家庭显著高于单亲家庭，重组双亲家庭显著高于其他家庭；在网络社会责任心分问卷上双亲家庭、单亲家庭和重组家庭均显著高于其他家庭。

表3.20 青少年网络环境责任心的家庭结构差异分析表

变量	M±SD				F	p	事后检验
	双亲 （n=2941）	单亲 （n=343）	重组双亲 （n=234）	其他 （n=114）			
网络自我责任	4.211±0.567	4.128±0.637	4.287±0.491	4.074±0.637	5.812	0.001	3>2；3>4
色情抵制	4.324±1.010	4.311±1.027	4.387±1.034	4.384±0.936	0.432	0.730	
攻击抑制	4.567±0.665	4.461±0.797	4.622±0.542	4.402±0.831	5.203	0.001	3>2；3>4
诈骗反制	4.367±0.666	4.328±0.652	4.421±0.582	3.991±0.824	12.641	0.000	1，2，3>4
游戏控制	3.931±0.958	3.802±0.979	4.046±0.880	3.900±0.994	3.202	0.022	3>2
关系自制	3.868±0.870	3.735±0.918	3.957±0.734	3.693±0.916	4.789	0.002	3>2
网络社会责任	4.490±0.617	4.458±0.611	4.522±0.562	4.214±0.833	7.728	0.000	1，2，3>4

(续表)

变量	M ± SD				F	p	事后检验
	双亲 (n=2941)	单亲 (n=343)	重组双亲 (n=234)	其他 (n=114)			
核心观认同	4.472±0.675	4.417±0.689	4.490±0.625	4.125±0.825	10.126	0.000	1,2,3>4
优秀文化认同	4.509±0.690	4.499±0.657	4.553±0.604	4.304±0.908	3.662	0.012	1>4;3>4
总问卷	4.351±0.507	4.293±0.525	4.404±0.444	4.144±0.632	8.276	0.000	1>4;3>4

注：1=双亲，2=单亲，3=重组双亲，4=其他

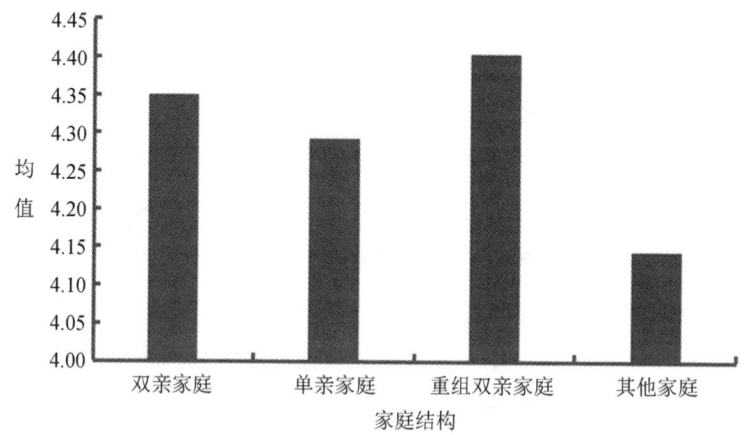

图 3.16 青少年网络环境责任心家庭结构差异柱状图

（二）家庭结构在网络自我责任心分问卷的差异情况

如表 3.21 和图 3.17 所示，青少年网络自我责任心分问卷的 4 个因子，即"攻击抑制、诈骗反制、游戏控制和关系自制"在家庭结构上都存在着显著的差异。在"攻击抑制"因子上，重组双亲家庭显著高于单亲家庭和其他家庭；在"诈骗反制"因子上，双亲家庭、单亲家庭和重组家庭显著高于其他家庭；在"游戏控制和关系自制"两个因子上，重组双亲家庭均显著高于单亲家庭；在"色情抵制"因子上，各个家庭结构间均无显著性差异。

表 3.21　青少年网络环境责任心的家庭结构差异分析表

变量	M ± SD				F	p	事后检验
	双亲 (n = 2941)	单亲 (n = 343)	重组双亲 (n = 234)	其他 (n = 114)			
色情抵制	4.324 ± 1.010	4.311 ± 1.027	4.387 ± 1.034	4.384 ± 0.936	0.432	0.730	
攻击抑制	4.567 ± 0.665	4.461 ± 0.797	4.622 ± 0.542	4.402 ± 0.831	5.203	0.001	3 > 2；3 > 4
诈骗反制	4.367 ± 0.666	4.328 ± 0.652	4.421 ± 0.582	3.991 ± 0.824	12.641	0.000	1, 2, 3 > 4
游戏控制	3.931 ± 0.958	3.802 ± 0.979	4.046 ± 0.880	3.900 ± 0.994	3.202	0.022	3 > 2
关系自制	3.868 ± 0.870	3.735 ± 0.918	3.957 ± 0.734	3.693 ± 0.916	4.789	0.002	3 > 2

注：1 = 双亲，2 = 单亲，3 = 重组双亲，4 = 其他

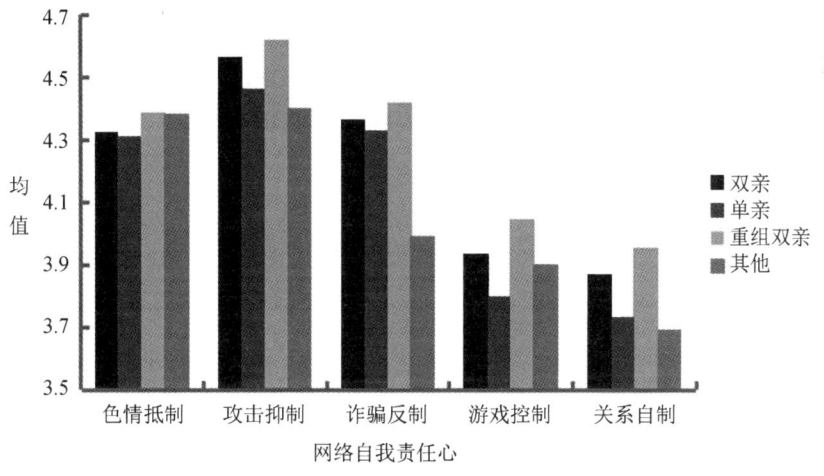

图 3.17　青少年网络自我责任心家庭结构差异柱状图

（三）家庭结构在网络社会责任心分问卷的差异情况

由表 3.22 和图 3.18 可以看出，青少年网络社会责任心分问卷的 2 个因子即"社会主义核心价值观认同和中华传统正能量文化认同"在家庭结构上都存在显著差异，在"社会主义核心价值观认同"因子上，双亲家庭、单亲家庭和重组家庭显著高于其他家庭；在"中华传统正能量文化认同"因子上，双亲家庭和重组家庭显著高于其他家庭。

表 3.22 青少年网络环境责任心的家庭结构差异分析表

变量	M ± SD				F	p	事后检验
	双亲 (n=2941)	单亲 (n=343)	重组双亲 (n=234)	其他 (n=114)			
核心观认同	4.472±0.675	4.417±0.689	4.490±0.625	4.125±0.825	10.126	0.000	1, 2, 3 > 4
优秀文化认同	4.509±0.690	4.499±0.657	4.553±0.604	4.304±0.908	3.662	0.012	1 > 4; 3 > 4

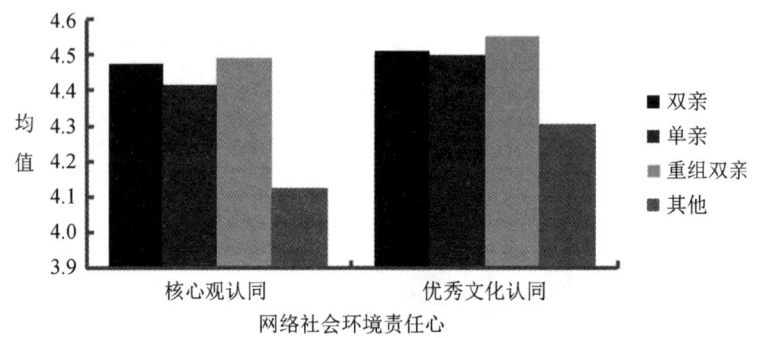

图 3.18 青少年网络社会责任心学段差异柱状图

六、青少年网络环境责任心的家庭来源差异

（一）家庭来源总体差异情况

以家庭来源为自变量，青少年网络环境责任心现状总分及其各维度、各因子的平均得分为因变量，进行多元方差分析。从整体上看，青少年网络环境责任心在家庭结构上存在非常显著差异，见表 3.23 和图 3.19，城市和乡镇显著高于农村，城市和乡镇相当，说明来自城市和乡镇的青少年网络环境责任心比来自农村的青少年更积极、更明确。从分问卷上看，网络自我责任心存在极其显著差异，城市和乡镇显著高于农村，网络社会责任心不存在家庭来源差异。

表3.23 青少年网络环境责任心的家庭来源差异分析表

变量	M ± SD			F	p	事后检验
	城市（n=1184）	乡镇（n=1080）	农村（n=1368）			
网络自我责任	4.229 ± 0.554	4.244 ± 0.550	4.150 ± 0.601	9.866	0.000	1>3；2>3
色情抵制	4.275 ± 1.023	4.432 ± 0.943	4.293 ± 1.045	8.187	0.000	2>1；2>3
攻击抑制	4.570 ± 0.641	4.584 ± 0.647	4.520 ± 0.730	3.020	0.049	
诈骗反制	4.416 ± 0.629	4.359 ± 0.669	4.300 ± 0.696	9.630	0.000	1>3
游戏控制	4.007 ± 0.923	3.936 ± 0.934	3.847 ± 0.997	8.946	0.000	1>3
关系自制	3.880 ± 0.866	3.910 ± 0.826	3.792 ± 0.901	6.314	0.002	1>3；2>3
网络社会责任	4.500 ± 0.617	4.496 ± 0.611	4.452 ± 0.636	2.386	0.092	
核心观认同	4.506 ± 0.649	4.462 ± 0.653	4.410 ± 0.725	6.376	0.002	1>3
优秀文化认同	4.493 ± 0.707	4.531 ± 0.680	4.493 ± 0.684	1.128	0.324	
总问卷	4.365 ± 0.494	4.370 ± 0.499	4.301 ± 0.531	7.242	0.001	1>3；2>3

注：1=城市，2=乡镇，3=农村

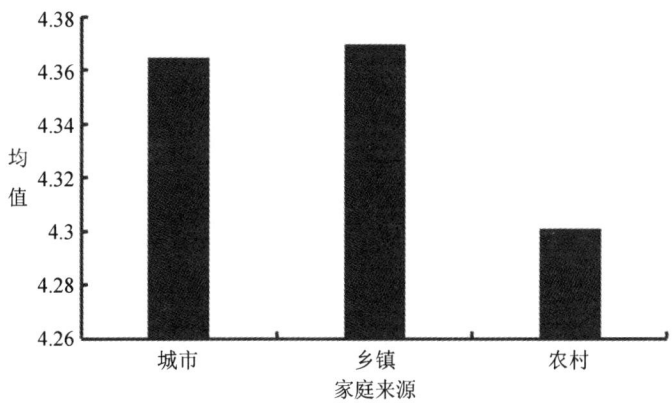

图3.19 青少年网络环境责任心家庭来源差异柱状图

（二）家庭来源在网络自我责任心分问卷的差异情况

如表3.24和图3.20所示，青少年网络自我责任心分问卷的5个因子，即"攻击抑制、诈骗反制、游戏控制和关系自制"在家庭来源上都存在着显著的差异。在"色情抵制"因子上，乡镇显著高于城市和农村；在"诈骗反制和游戏控制"因子上,城市显著高于农村;在"关系自制"因子上,城市和乡镇显著高于农村。

表 3.24　青少年网络自我责任心的家庭来源差异分析表

变量	$M \pm SD$			F	p	事后检验
	城市 (n=1184)	乡镇 (n=1080)	农村 (n=1368)			
色情抵制	4.275±1.023	4.432±0.943	4.293±1.045	8.187	0.000	2>1;2>3
攻击抑制	4.570±0.641	4.584±0.647	4.520±0.730	3.020	0.049	
诈骗反制	4.416±0.629	4.359±0.669	4.300±0.696	9.630	0.000	1>3
游戏控制	4.007±0.923	3.936±0.934	3.847±0.997	8.946	0.000	1>3
关系自制	3.880±0.866	3.910±0.826	3.792±0.901	6.314	0.002	1>3;2>3

注:1=城市,2=乡镇,3=农村

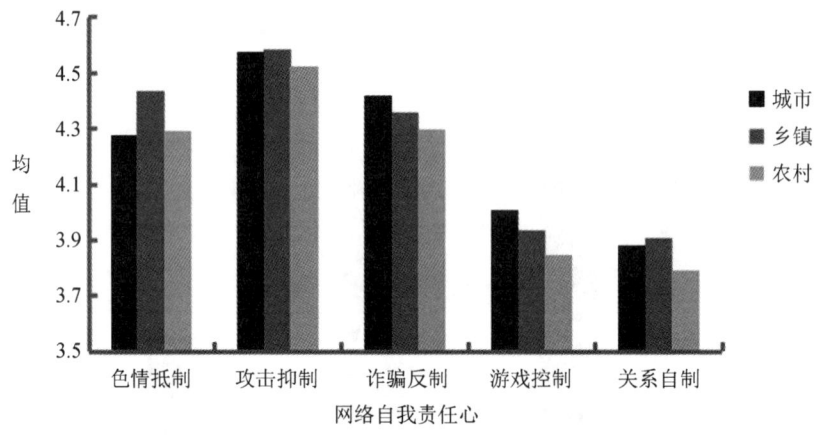

图 3.20　青少年网络自我责任心家庭来源差异柱状图

(三) 家庭结构在网络社会责任心分问卷的差异情况

由表 3.25 和图 3.21 可以看出,"社会主义核心价值观认同"因子在家庭来源上存在显著差异,城市青少年学生网络社会责任心显著高于农村青少年学生;"中华优秀传统文化认同"因子在家庭来源上不存在显著差异。

表 3.25 青少年网络社会责任心的家庭来源差异分析表

变量	M ± SD			F	p	事后检验
	城市（n=1184）	乡镇（n=1080）	农村（n=1368）			
核心观认同	4.506 ± 0.649	4.462 ± 0.653	4.410 ± 0.725	6.376	0.002	1>3
优秀文化认同	4.493 ± 0.707	4.531 ± 0.680	4.493 ± 0.684	1.128	0.324	

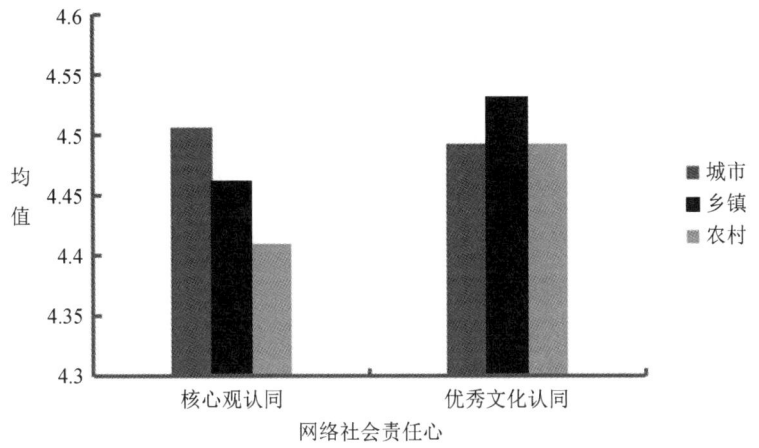

图 3.21 青少年网络社会责任心家庭来源差异柱状图

第三节 讨论与结论

一、青少年网络环境责任心总体特征分析

本研究表明，我国青少年网络环境责任心为中等偏高水平（$M=4.34$，$SD=0.51$），说明我国青少年网络环境责任心呈比较积极明确的发展态势，但这一结论与以往相关的研究结果是一致的（蒋婷，2017；阳群，2018；吉优，2017），同时余林（2014）对我国 3864 名青少年社会主义核心价值观测查的总体情况（5 级量表，$M=4.13$，$SD=0.42$）也可以得到一些证明。这表

明，当代青少年的网络责任尽管受到不良的一些现实环境，如市场经济的负面效应，西方极端自由的消极思想，个人主义和本位主义思想影响和充满诱惑的部分虚拟网络环境，如网络色情、网络暴力、网络道德示范等影响，青少年网络责任价值取向总体上是积极的、健康向上的，并能够自觉将这种价值取向迁移、应用到网络生活中，没有因为网络的虚拟性就认为网络生活中没有网络责任可言。这证明近年来我国对青少年的思想教育总体上是成功的，青少年在网络环境中对自身和社会是负责的。

在网络环境责任心两个维度中，青少年网络社会责任心显著高于网络自我责任心，这与当代社会以人为本，构建法制和谐社会以及立德树人背景下加强青少年思想政治教育大环境有一定关系。同时也说明在中华民族优秀传统文化的影响下，整个社会重视和加强青少年学生健康向上的价值观教育，青少年民族文化意识和认同感不断加强。

二、关于青少年网络环境责任心的发展特点

1. 关于青少年网络环境责任心的性别差异

本研究显示，不同性别的青少年在网络环境责任心总体、所有维度和所有项目上均存在非常显著差异，表现为女生的网络环境责任心显著高于男生的网络环境责任心。这一研究结论可以通过已有相关研究（张燕玲，2018；蒋婷，2017）得到部分证明，张燕玲（2018）对小学3—6年级学生自我责任心调查发现，女生自我责任感显著显著高于男生；蒋婷（2017）对江苏省2552名中学生网络社会责任感调查发现，女生网络社会责任感显著高于男生。另外，熊孝梅（2013）研究"女生思想道德水平高于男生"以及袁晓琳等（2017）"女生的网络道德水平比男生高"的研究结论也可以进行佐证。为什么造成这种现象呢？

可能的原因是：（1）受中国传统文化对男女社会角色定位的影响，社会传统文化和父母教育对两性角色的期待和要求不同有关。中国传统社会文化对女生的思想道德要求比较高，要求女生文静、乖巧、自律，女生稍有不慎出现"越轨"行为就会受到严厉的批评和谴责，而社会对男生则比较宽容，男生在

思想道德上的问题甚至被认为"有本事"。久而久之受传统文化影响的女生多为内控型的责任归因方式,她们在面对网络攻击、网络色情、网络诈骗等网络偏差行为时,会把不良后果更多归因于自身无法改变的性格特质或者能力等方面,表现出自我同情和自我责备;而男生多为外控型责任归因方式,更多把自我责任没有落实归因为虚拟网络环境、现实社会环境等客观原因,从而达到逃避责任进行自我保护的一种手段。这种责任归因方式会导致女生亲社会化性比男生高,更容易接受和吸纳在社会上占主流和支配地位的中华优秀传统文化和社会主义核心价值观,并在网络环境交往过程中比男生表现出更具有亲和力,更在乎自己和他人的感受。(2)也可能与女生较易接受社会规范、情感丰富、自制力和忍耐力较强等,而男生较为叛逆调皮、情感不外露、控制力不强等不同的人格特点有关(余林,2014)。但本研究与李爽和何歆怡关于"大学生网络素养无性别差异"研究结论不一致。主要是本研究重点是对全国大学生、中学生网络道德行为的探讨;而李爽和何歆怡研究是对北京某985高校大学生网络技能的掌握情况的调查。

2. 关于青少年网络环境责任心的学段差异

从整体上看,青少年网络环境责任心在学段上存在极其显著差异。大学生的网络环境责任心水平明显高于初中生和高中生,而后两者水平相当。这一研究结论与沈洁(2018)对上海及周边省市1382名大学生网络核心素养和社会主义核心价值观处于较高水平的研究结论是一致的,也与杨兰芝等(2008)和陈灿芬(2020)对大学生网络道德素质调查较好的研究结论是一致的。可能的原因是:一方面,随着年龄的增加和对外界事物的认识程度的加深,大学生会不断深化对网络环境的认识和理解,网络素质水平和网络自我保护能力得到不断提升,大学生网络责任会由于自身网络素养提高、身心不断发展以及生活经历的丰富而不断增强;另一方面,从青少年网络环境责任心的各个维度、各个因子上看,除"网络关系自制"因子外,其余各维度、各因子在学段上均存在显著差异,其中除"网络色情抵制"因子上中学生高于大学生,其余各维度各因子上大学生显著高于中学生。

大学生随着年龄的增长,个体的道德自我得到进一步发展,加深了对道德价值观念的内在理解,并逐渐与自身其他领域的思想、知识相融合。这种整合会使个体对道德价值观念产生一种新的自我判断,他们将道德价值观念内化,认识到道德原则之间的冲突以及如何从中进行选择。随着心理的逐步成熟,这种自我选择会变得更为自主与独立,他们会以理性的方式进行思考,重视社会多数人的意愿(倪嘉文,2018),加上立德树人背景下国内各高校普遍重视和加强高校学生的思想政治教育,特别是社会主义核心价值观和中华优秀传统文化教育,大学生网络责任会由于个体道德自我的不断发展和高校思想政治教育加强而不断提高。

3. 关于青少年网络环境责任心在留守经历上的差异

本研究显示,青少年网络环境责任心在留守经历上不存在显著差异,青少年网络自我责任心在留守经历上存在显著差异,非留守经历显著高于留守经历,青少年网络社会责任心在留守经历上不存在显著差异,留守经历略高于非留守经历青少年。可能的原因是:有留守经历的青少年网络素养差(安涛、侯琦,2021)和自我意识较低(张清娥、胡金保,2015;蒋坤、冯春,2013;齐春辉、杨文博,2013;朱建雷,2017)。

具体来看,一方面,留守经历青少年社会责任心略高于非留守青少年社会责任心。可能的原因是:生活在正常家庭的青少年,学习生活条件均比留守经历青少年要好,尤其在生活方面能处处得到父母及亲人们的关心和照顾,因此造成这部分儿童对家人及外界力量的依赖程度较深,而自立、自理、主动等方面能力比留守经历青少年差;而对于没有父母陪伴和关爱的留守经历青少年,他们不仅要完成学习任务,还要承担照顾自己,甚至照顾祖辈的任务,艰苦的生活环境已经锻炼他们比一般儿童更加独立、坚强,他们最能体会到社会责任的意义,从而造成留守经历青少年社会责任心更强的结果。(潘晓杰,2017)。

另一方面,留守经历青少年网络自我责任心要比一般儿童自我责任心要差。可能的原因是:首先,留守经历青少年面临家庭监管和教育的缺失,而且留守看护人(大多数为爷爷、奶奶、外公和外婆等)往往受自身教育观念、文化程度、网络素养局限,缺乏足够的网络技术知识,无法有效地指导子女合理地使用网络；其次，他们父母长期不在身边，亲子沟通缺乏，负面情绪得不到及时疏导，会加重留守经历青少年不知所措、寝食不安等焦虑情绪，加上大多数留守经历青少年不擅长利用社会支持来解决问题，容易将负面情绪郁结在心中，当遇到困难时，往往缺乏求助意识，又加上儿童青少年缺乏辨别能力，好奇心强而自控力又较弱，网络的便捷性、趣味性与刺激性对留守经历青少年充满了诱惑力，能成为他们生活与精神中"理想"的补偿空间与情绪宣泄的突破口（安涛、侯琦，2021）。由此可知，留守经历青少年对网络色情、网络诈骗抵制能力不如普通家庭的儿童，网络游戏成瘾可能性也加大，网络关系的自制能力也变低，造成留守经历青少年网络自我责任心低于非留守青少年。

4. 关于青少年网络环境责任心在独生子女类别上差异

本研究显示，青少年网络环境责任心在独生子女类别上不存在显著差异，青少年网络社会责任心在独生子女类别上存在显著差异，独生显著高于非独生，青少年网络自我责任心在独生子女类别上不存在显著差异。首先，青少年网络自我责任心在独生子女类别上不存在显著差异。虽然没有直接的证据证明本研究结论，但这与侯书新（2019）"中职学生的网络道德行为不存在是否独生差异"这一研究结论是一致的。可能的原因是独生子女诈骗反制能力显著高于非独生子女，而非独生子女色情抵制能力显著高于独生之女。具体而言，（1）根据前面的调查，非独生子女的网络色情抵制能力非常显著高于独生子女。本研究的结论与张婷（2014）和俞红蕾（2011）对独生大学生网络色情行为的调查结论是一致的。独生子女在家里缺少玩伴，在家里业余时间大多看电影、玩电子产品，受到的关注多，"教导"较多（肖妍律，2016），压力大，为减少孤独感（张丽美，2014），放松心理压力，释放心理压力，部分独生女难以抵挡网络色情的诱惑，沉溺其中。（2）本研究显示，独生子女的网络诈骗反制能力非常显著高于非独生子女。独生子女教育投资较高，接受的教育质量普遍较好，独生子女家长也更注意子女素质的全面发展，有更多机会接触多方面的知识，因而视野广，知识面宽，智力比较高，因此，独生子女网络诈骗反制意识和能力好于非独生子女。

其次，青少年网络社会责任心在独生子女类别上存在显著差异，独生显著高于非独生。根据前面的调查，青少年网络社会责任心在独生子女类别上存在显著差异，主要是因为在社会主义核心价值观子维度上存在显著差异，独生子女社会主义核心价值观显著高于非独生子女，这与余林（2014）研究结论"在社会主义核心价值观的家庭教育问卷中，在是否独生上不存在着显著差异"不一致，可能的原因是：独生与非独生家庭教育方式并不是青少年社会主义核心价值观存在是否独生差异的原因，有可能独生子女的平均文化程度、社会角色期待以及核心家亲属成员文化素养（杨雪睿、曹启溟，2018）比非独生子女高有关，因为有研究表明，生育观受着自然环境和社会物质生活条件的制约（罗天莹，2008；洪秀敏、朱文婷，2017）。父母受教育程度越高，经济条件越好，其生育意识越低，选择独生子女的概率越大。

5. 青少年网络环境责任心的家庭结构差异

从调查总体结果来看，青少年网络环境责任心在家庭结构上存在极其显著差异，双亲家庭和重组双亲家庭的平均得分显著高于其他家庭，双亲家庭、单亲家庭和重组家庭水平相当，说明双亲家庭、单亲家庭和重组家庭青少年比其他家庭青少年更积极、更明确，换言之，大多数时候与父母以外的其他亲人（如爷爷、奶奶）一起生活的留守儿童网络环境责任心是最差的。与邱小艳（2016）对青少年良心与家庭结构关系研究有较高的相关，邱小艳采用自编青少年良心问卷调查了8316名青少年，研究发现：不同家庭结构的青少年良心发展水平两两之间差异显著，完整家庭的青少年良心发展水平最高，单亲家庭次之，重组家庭再次之，寄养家庭的青少年良心发展水平最低。这说明家庭结构的完整与否影响青少年的品德心理发展（Jonathon等，2018；邱小艳，2016）。可能的原因是：首先，爷爷奶奶、哥哥姐姐等亲人由于年龄太大或是太小自身缺乏互联网素养，难以对这些孩子进行应有的网络素养指导；其次，根据家庭结构功能理论，父母亲都有独特的功能，父母不在孩子身边会影响到到家庭功能的正常发挥，包括家庭照顾、经济支撑、角色示范等方面，与其他亲人生活的孩子由于父母亲角色的失位会对孩子的成长产生负面影响，不利于其品德心理健康发展；最后与父母一方或双方共同生活的孩子能感受到更多来自父母的情感温暖，亲子关系更为融洽，即使是重组家庭和单亲家庭的青少年尽管父母一方缺位得不到完整的父母的爱，但至少还能得到来自原生父母中一方的温暖，父母与孩子间的亲子关系是其他人很难代替的，是促进孩子品德心理发展的重要因素，试想当双留守（父母不在身边）孩子看到别人家的孩子拉着自己爸爸妈妈的手在外面玩耍时，心里难免会产生孤独无助感，久而久之，极易形成对社会的冷漠、不信任的心理。

从分问卷上看，值得注意的是，单亲家庭的孩子网络自我责任心显著低于重组家庭的孩子，单亲家庭的孩子的网络攻击抑制、游戏控制和关系自制等能力显著低于重组双亲家庭的孩子。单亲家庭的孩子可能会由于单亲爸爸或者妈妈对孩子过于溺爱，这种溺爱可能是想对孩子的心理伤害进行补偿导致的，或者是单亲爸妈因为另一方去世对孩子过于依赖，溺爱和疏于管教造成孩子放纵，也有可能是单亲爸妈由于生活的艰辛对孩子有更多要求，这给孩子带来更多的学习、心理压力，家庭归属感、亲密感和幸福感降低（King 等，2017；Dinisman 等，2017），单亲家庭青少年更多表现为对内是目标的追求（Eugene 等，2016），单亲孩子通过网络游戏、网络攻击和网络关系中角色偏差等行为来补偿家庭幸福感和归属感的不足，缓解心理压力，而重组家庭的孩子要面临更为复杂、更多矛盾和更为脆弱的家庭关系，他们与继兄弟姐妹之间存在着潜在的情感竞争与敌意，为了争取更高的家庭地位，不给自己的亲生母亲或者父亲添乱，会对自身网络游戏、网络攻击以及网络关系不当等网络偏差行为有所抑制，表现出更多的网络自我责任行为。

6. 青少年网络环境责任心的家庭来源差异

从整体上看，青少年网络环境责任心在家庭结构上存在非常显著的差异，城市和乡镇显著高于农村。从分问卷上看，网络自我责任心存在极其显著差异，城市和乡镇显著高于农村，网络社会责任心不存在家庭来源差异。从各个维度上看，除攻击抑制维度无差异外，青少年网络自我责任心其余维度均表现为农村青少年显著低于城市和乡镇，社会主义核心价值观维度上也是农村低于城市，中华优秀传统维度上无显著差异。这说明来自城市和乡镇的青少年的网络环境责任心比来自农村的青少年更积极、更明确。

上面的研究结论与蒋婷（2017）对青少年网络社会责任感的家庭来源差异是一致的，但和余林（2014）对青少年社会主义核心价值观家庭来源差异研究结论不一致。这可以从研究所采用的研究工具和研究对象来解释，蒋婷（2014）对江苏省2552名中学生网络环境责任感的调查发现，城市青少年网络环境责任感与农村青少年无显著差异，蒋婷（2017）对青少年网络责任感测量所使用工具为自编三个维度的问卷，问卷分为网络责任心认知、情感和行为三个维度，认知维度主要指网络交往中对公共规范的认知，情感维度主要指网络正义感、羞耻感和同情心，行为维度是指获取、使用、传播和发布网络信息时的道德行为，从蒋婷（2014）研究具体结论上看，青少年网络责任感行为维度上城市显著高于农村，认知和情感维度上城市和农村青少年没有显著差异。

余林（2014）对3864名大、中、小学生社会主义核心价值观调查发现，农村家庭青少年社会主义核心价值观显著高于城市和城镇，余林（2014）对社会主义核心价值观所使用的研究工具为自编五个维度的问卷，包括荣辱观、国家观、政治观、发展观和社会价值观，从余林（2014）研究具体结论上看，青少年社会主义核心价值观在政治观、发展观和社会价值观方面无显著差异，在荣辱观和国家观上农村高于城市。

根据以上的分析发现，本研究中城市青少年网络自我责任心显著高于农村，实际上是与从蒋婷（2014）研究结论青少年网络责任感行为维度上城市显著高于农村是一致的，因为蒋婷（2014）的网络责任感行为维度与本研究网络自我责任心维度都是指青少年对网络信息的处理问题，那么为什么我们对青少年社会主义核心价值观的测量与余林（2014）的测量结果不一样呢？进一步研究发现，余林（2014）对社会主义核心价值观测量的时间是2009年，而本研究测量的时间是2021年，相差12年。因此，我们认为可能的原因是：一方面近十多年来由于我国城市化加速发展，城市的各种物质社会生活条件比以前大为改观，居住城市的青少年公序良知、道德意识、爱国守法等精神文化水平也得到相应的提高；另一方面当代城市化中的新市民有相当比例是农村中文化水平较高、经济条件比较好的农民迁移过来的，这些新市民接受了新的道德思想和法律知识教育，其子女因为社会文化和家庭文化的影响对社会主义核心价值观有较大的提高。

三、结论

综合本章调查研究的数据分析结果，我们得出以下结论。

（1）我国青少年网络环境责任心属于中等偏高水平；青少年网络环境责任心两个分问卷之间的差异非常显著，青少年网络社会责任心显著高于网络自我责任心的发展水平。

（2）网络自我责任心分问卷5个因子上看，各平均值大小依次为：攻击抑制＞诈骗反制＞色情抑制＞游戏控制＞关系自制；青少年网络社会责任心2个因子上看，中华优秀传统文化认同显著高于社会主义核心价值观认同。

（3）性别方面，青少年网络环境责任心各个维度、各因子及总分均存在极其显著差异，女生的网络环境责任心高于男生并且差异极其显著。

（4）青少年网络环境责任心在学段上存在显著差异，大学生的网络环境责任心显著高于初中生和高中生。

（5）青少年网络环境责任心在留守经历上不存在显著差异；在分问卷中，青少年网络自我责任心在留守经历上存在显著差异，青少年网络社会责任心在留守经历上不存在显著差异。

（6）青少年网络环境责任心在独生子女类别上不存在显著差异；但在网络社会责任心分问卷上，独生子女网络社会责任心显著高于非独生子女；非独生子女网络色情抵制能力显著高于独生子女，独生子女的社会主义核心价值观认同和诈骗反制能力显著高于非独生子女。

（7）青少年网络环境责任心在家庭结构上存在极其显著差异，双亲家庭的网络环境责任心显著高于其他家庭；在网络自我责任心分问卷上，重组双亲家庭显著高于单亲家庭，重组双亲家庭显著高于其他家庭；在网络社会责任心分问卷上双亲家庭、单亲家庭和重组家庭均显著高于其他家庭。

（8）青少年网络环境责任心在家庭结构上存在非常显著差异，城市和乡镇显著高于农村；从分问卷上看，网络自我责任心存在极其显著差异，城市和乡镇显著高于农村，网络社会责任心不存在家庭来源差异。

四、教育建议

一是青少年上网用实名制，对青少年学生进一步减负，将德育、音乐、体育、艺术和劳动教育作为选修课程纳入中高考。根据我们的调研，青少年网络游戏还不是问题最大的，最大的问题是青少年的网络关系自制问题，也就是青少年在网络行为中失去自我，逃避社会角色和社会责任，根据我们的分析，(1) 青少年压力大，面临学习压力和成长中社会角色社会化的压力，所以需要进一步减负；(2) 没有合适的发泄口，需要通过德育、音乐、体育、艺术和劳动教育等课程缓解心理压力；(3) 青少年网络关系自制力失控会带来严重的成人社会关系诚信危机乃至整个社会的守信问题，为从源头上杜绝青少年网络关系自制力失控，建议对青少年上网实行实名制，并纳入征信记录，对信用不良的行为记入学生档案，作为中高考招生的重要依据。

二是农村初中学校应开设网络道德素养课程。根据我们的调研：居住地农村学生的网络环境责任心显著低于乡镇和城市学生，初中生显著低于高中生和大学生，农村初中生网络环境责任心最低。鉴于此，本课题组建议农村学中学开设网络道德素养课程，内容主要包括：(1) 网络素养。主要有：认识网络媒介的特质与功用，抵制网络低俗、网络诈骗、网络攻击、网络黑客、网络反动信息等能力，教导学生正确科学地使用常见的网络软件如 QQ、微信、浏览器等的使用方法和注意事项。(2) 网络道德。主要包括：理想信念教育、社会主义核心价值观教育以及中华传统美德教育。农村初中学校网络道德素养课程老师均应参加岗前培训，持证上岗，有条件的区县可将网络道德素养课程成绩按比例记入中考成绩。

三是设立留守儿童教育陪伴基金，鼓励农民工夫妻一方在家陪伴孩子；建议区县初中和小学教师实行区县内流动；整顿农村中小学教师队伍。根据我们的调研，农村隔代留守儿童网络责任心也需要提高，希望政府部门高度重视这一问题。为解决这个问题，本课题组建议：(1) 设立留守儿童教育陪伴基金，鼓励农民工家乡创业；(2) 建议全市各区县初中和小学教师实行区县内流动，各区县设立专门留守儿童学校，留守儿童学校的师资、教学设施等不得低于当地教育教学资源条件；各区县可以针对实际，对教师实行每 3 年或者 6 年左右流动政策，保证城乡之间教育公平；（3）政府和教育主管部门应研究对策，努力提高农村教师质量，以弥补农村隔代教育的不足。

四是把网络环境责任心教育纳入思政课中。 2019 年 3 月 18 日，习近平主持召开学校思想政治理论课教师座谈会，强调用新时代中国特色社会主义思想铸魂育人，贯彻党的教育方针落实立德树人根本任务。新媒体时代，青少年是网络新媒体的主力用户，并掌握着先进的网络技术知识，其生活方式、行为模式、思想观念和价值取向等发生了巨大的改变。但随之而来的主流价值观引导力消解、传统教育模式困境、青少年网络文化生活"病理化"，以及网络诈骗、色情、暴力等的出现，给青少年思想品德教育带来了严峻的挑战。思政课作为落实立德树人根本任务的关键课程，应将网络环境责任纳入青少年思政课教育教学内容之中。网络环境责任教育就是要青少年养成积极、健康、向上的上网习惯，履行好中国特色社会主义接班人的义务。思政课的教师既要思想政治素质高，又要教育能力、网络信息处理和传播能力过硬，网络空间作为现实世界的延展，思政课教师不仅要做好学生表率，还应配合家庭、学校、社会和政府部门共同打造一体化的网络素养教育培养体系。

五是对青少年进行网络自我责任教育，加强青少年网络素养教育，提高网络自我保护能力。 教育引导青少年正确地认识、使用和创新网络。让学生正确认识网络媒介的特质与功用，具备抵制网络低俗、网络诈骗、网络攻击、网络黑客、网络反动信息等的主动意识与能力，让学生初步具备主动加工、创造、传播社会主流价值观的能力。

六是加强网络社会责任教育，引导青少年对新时代马克思主义的坚定信仰，增强青少年社会主义核心价值观和中华优秀传统文化的认同教育。 首先，信仰教育的核心是对新时代中国特色社会主义的高度认同。习近平总书记提出"人民有信仰，民族有希望，国家有力量"，应根据网络空间特点和青少年心理行为规律，结合党史、国史和社会主义发展史，利用好"烈士的家书""刑场上的婚礼""疫情中逆行的白衣天使"等理想信念教育最生动、最有说服力的教材，通过"晓之以理、动之以情和导之以行"等手段，讲清楚、讲明白新时代中国特色社会主义的制度优势，杜绝教育内容"泛理想化、泛政治化和泛统一化",构建既弘扬共同理想又兼顾个人追求的信仰教育内容体系,实现青少年群体马克思主义信仰"知、情、意、行"四个要素的有机融合。

其次,要增强青少年社会主义核心价值观教育。通过网络与信息技术强化社会主义核心价值观的宣传,弱化与屏蔽不良思想、边缘价值观等对学生思想的影响与冲击,要积极将社会主义核心价值观的精髓通过思政课让学生以"润物细无声"的方式接受。通过"以文化人、以情感人、以行促情"来促进学生情感升华;通过践行意识的树立、实践习惯的养成、行为践行的保障来推动行为认同的落实,教育引导学生树立社会主义核心价值观,培育青少年学生的民族自豪感和文化自信。

最后,要教育引导青少年对中华优秀传统文化认同。习近平总书记在党的十九大报告中指出,"文化是一个国家、一个民族的灵魂。文化兴国运兴,文化强民族强"。应根据"互联网+教育"时代教育教学规律,结合青少年身心发展特点特别是其网络心理特点,依托中华优秀传统文化,利用好传统节日、历史博物馆和革命遗址等课程资源,教育引导青少年对中华优秀传统文化的认同。

第四章　青少年网络环境责任心影响因素探讨

第一节　概　述

SU（2020）认为，性别、年级、学段、好奇心、网络道德和网络空间治理对网络责任心有影响（SU Chun，2020）。Robert 发现，计算机伦理、网络时间、民主意识会影响网络责任心。Dilara（2018）等研究发现，网络隐私保护意识、共享内容主观态度、亲社会行为等对网络责任也会有影响。Song（2016）的研究发现，校本服务学习、网络合作意愿、社会公民意识也会影响网络责任，Katherine（2014）的研究发现，家庭经济、家校合作、社会力量、父母网络认知态度会影响网络责任，Humberto 的研究发现，个性特征、心理成熟度、事件性质、结果归因会影响网络责任，Reynolds 研究发现，同伴社会化实践、个体社会关系状况、社会化成熟度、社会化语言的使用能力会影响网络责任。张建（2008）认为，网络成瘾会影响网络责任；李邦红（2020）认为，道德品质、个体人格和角色意识对网络责任有影响；谢晓东等（2017）研究发现，自我效能感会影响网络责任。陈鸣澌认为，主流价值观、个体道德意志和网络环境特点对网络责任有影响。

综上所述，网络环境责任心的影响因素较多，大体可分为个人变量、情境变量和组织变量。其中，个人变量主要有人口变量和个性变量。人口变量主要包括性别、年级、学段等，个性变量主要包括心理成熟度、情绪智力、网络道德等。组织变量主要包括任务特征和组织控制，任务特征包括任务的性质、难度等，组织控制主要涉及工作自主性、同伴支持、组织支持等。情境变量主要包括交往事件正负性、频率和时间等。

由于网络环境责任心的概念和维度的不统一，研究者在研究中所采用的量表也不一样。这就造成了网络环境责任心的前因变量对网络环境责任心的影响研究结果不一致。此外，从实证研究来看，研究者们提出来的许多网络环境责任的理论假设还未得到有效证明。

第二节　情绪智力和网络依赖对青少年网络环境责任心影响的实证研究

一、选题缘由

在了解了青少年网络环境责任心的人口统计学特征后，还想进一步研究是哪些心理因素影响了青少年网络环境责任心。由于关于青少年网络环境责任心影响因素的研究还处于探索阶段，我们只有借鉴对其他研究对象的网络责任的影响因素，总结起来，主要的因素有情绪智力、人格特征、社会支持、情境特性等。

在个性变量的影响因素中，我们选择了情绪智力作为一个研究变量。因为情绪智力是个体社会智力的一个组成部分，是个体情绪管理的一种重要能力。原本想对网络环境责任心的人格特征也进行研究，但是在实际的调查中，关于这部分的被试量太少，因此放弃了对人格特征的研究。

在情境特性变量中，由于本研究是围绕青少年网络责任环境进行的，所以选择了青少年网络环境责任中的一个代表性变量——网络依赖。网络依赖是指上网者对上网行为的一种认同和投入的态度。已有研究表明（许羚仪，2017；谢秋燕，2020）网络依赖性越高的受访者，网络攻击性行为也越高发。Hatice 和 Cigdem（2016）的研究表明，学生的网络依赖与自我社会形象（包括家庭关系、社会关系、冲动控制、应对能力和身体形象）五个维度呈显著负相关。

在已有研究的基础上，对情绪智力、网络依赖与青少年网络环境责任心关系进行研究，从而丰富和拓展青少年网络环境责任心的研究深度。

二、研究方法

（一）样本介绍

抽取样本 592 人。具体构成如下：从性别上看，男生 215 名，女生 377 人；从学段上看，初中生 164 人，高中生 201 人，大学生 227 人；从年级上看，初一 54 人，初二 69 人，初三 41 人，高一 89 人，高二 62 人，高三 50 人，大一 73 人，大二 56 人，大三 57 人，大四 41 人；从留守上看，留守经历 173 人，非留守经历 419 人；从是否独生子女来看，独生子女 299 人，非独生子女 293 人；从居住地上看，农村 214 人，乡镇 188 人，城市 190 人；从民族上看，汉族 482 人，少数民族 110 人。

（二）研究工具

（1）自编青少年网络环境责任心问卷，该问卷包括两个分问卷，分别为青少年网络自我责任心问卷和青少年网络社会责任心问卷。其中青少年网络自我责任心分问卷包括色情抵制、攻击抑制、诈骗反制、游戏控制和关系自制五个维度；青少年网络社会责任心包括社会主义核心价值观认同和中华优秀传统文化认同两个维度。两个分量表的 Cronbach's Alpha 系数分别为 0.891 和 0.916，重测信度分别为 0.807 和 0.899。内容效度、结构效度和效标关联效度良好。2 个分量表共有 36 个题目，每个题目从非常符合到完全不符合分 5 级评分，单选迫选形式进行调查。

（2）《情绪智力量表》（见附表 11），该量表由 Wong（2002）编制，包括自我情绪觉察、他人情绪觉察、情绪管理和情绪运用四个分量表。自我情绪觉察是指个体能够了解自己的深层情绪状态,并能自然展示情绪;他人情绪觉察是指个体对他人的情绪能够感觉与了解;情绪管理是指个体能够在负性情绪状态下调控自己的情绪。情绪运用是指个体能够运用自己的情绪来引导积极的活力与表现。

中国台湾地区的研究表明(满莉芳,2002),四个分量表的 α 系数在 0.85—0.91 之间,整个量表 α 系数为 0.91,经验证性因素分析表明,该量表的结构效度良好。四个分量表共有 16 个题目,每个题目按非常不同意、不同意、有点不同意、有点同意、同意和非常同意 6 级评分,单选迫选形式进行调查。该量表通过刘衍玲(2005)验证,结构效度良好。

(3)《网络成瘾量表》最初由 Young(1998)编制而成,包括自控性(Self-Control Ability)、耐受力(endurance capacity)、时间管理(Time Management)、网络特点的认知(Cognitive network)和感受性(Internet awareness)五个维度。自控性是指青少年对上网行为的控制能力;耐受性是指青少年不能上网时的心理耐受能力;时间管理是指青少年对上网时间的管理能力;网络特点的认知是指青少年对网络特点的认知能力;感受性是指青少年上网时的心理感受。

国内研究者李卉(2006)在综合了 Young(1998)的网络成瘾量表、江楠楠(2005)的网络依赖的诊断量表的基础上编制成新的量表,五个维度的 α 系数在 0.66—0.78 之间,青少年的网络依赖总问卷的 α 系数为 0.878,共解释 66.47% 的变异量。验证性因素分析表明,该量表的结构效度良好。该量表共有 16 个题目,每个题目按从不这样、很少这样、有时这样、经常这样和总是这样 5 级评分,单选迫选形式进行调查。

三、研究结果

(一)青少年情绪智力量表和青少年网络依赖问卷结构检验

由于青少年情绪智力量表和青少年网络依赖问卷是非常重要的研究工具,工具结构合理性就是一个值得考虑的问题,因此,分别对情绪智力量表和网络依赖问卷的结构进行检验。模型检验时，为了便于检验，需要设定不同的检验模型。情绪智力 M0 模型和网络依赖 M0 模型是虚拟模型，是一对角矩阵，所有的协方差都为 0；情绪智力 M1 模型可以分为自我情绪觉察、他人情绪觉察、情绪管理和情绪运用，并且自我情绪觉察、他人情绪觉察，情绪管理和情绪运用两两之间存在相关；青少年网络依赖 M1 模型可以分为自控性、不能上网的感受、时间管理、网络特点的认知和上网的感受，并且自控性、不能上网的感受、时间管理、网络特点的认知和上网的感受两两之间存在相关。具体的检验结果见图 4.1、图 4.2 和表 4.1。

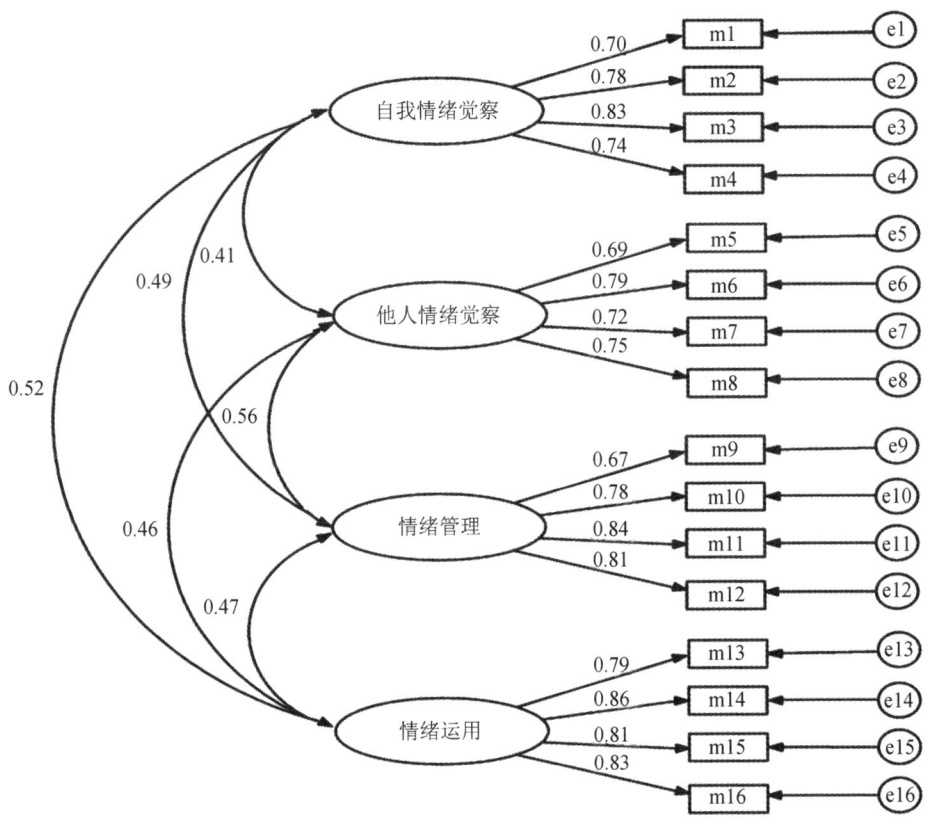

图 4.1 青少年情绪智力量表验证性因素分析

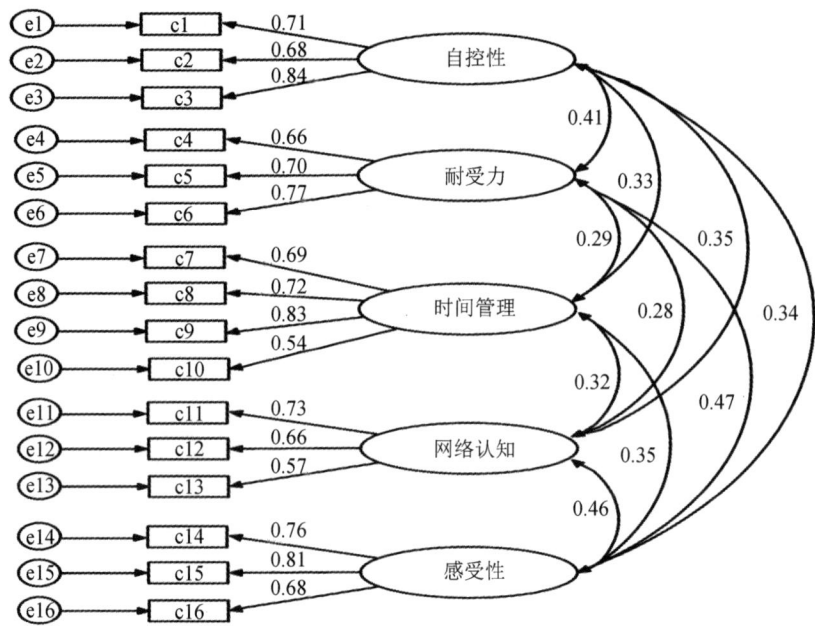

图 4.2 青少年网络依赖问卷验证性因素分析

表 4.1 青少年情绪智力和网络依赖问卷验证性因素分析主要拟合指标

模型	CMIN	DF	CMIN/DF	TLI	CFI	RMSEA	N
情绪智力 M0	4290.297	121	35.457	0.000	0.000	0.268	592
情绪智力 M1	269.724	91	2.964	0.936	0.487	0.066	592
网络依赖 M0	2141.28	90	23.792	0.000	0.000	0.251	592
网络依赖 M1	215.764	76	2.839	0.916	0.931	0.071	592

从表 4.1 和图 4.1 可知，情绪智力 M0 模型的各项拟合指数都很差，当我们用 m1—m4 测试自我情绪觉察，m5—m8 测试他人情绪觉察，m9—m12 测试情绪管理，m13—m16 测试情绪运用时，整个模型的拟合指数良好，满足模型拟合指数优化的条件。同时，自我情绪觉察、他人情绪觉察、情绪管理和情绪运用两两之间存在中等程度相关，这与已有研究（满莉芳，2002；刘衍玲，2005）是完全一致的。因此，情绪智力 M1 模型是相对合理的模型。可以认为，青少年情绪智力问卷适合本研究，可以根据情绪智力 M1 模型做进一步分析。

表4.1和图4.2的结果还表明,网络依赖M0模型的各项拟合指数都很差。当我们用 c1—c3 测试自控性,c4—c6 测试耐受力,c7—c10 测试时间管理,c11—c13 测试网络认知,c14—c16 测试感受性,整个模型的拟合指数良好,满足模型拟合指数优化的条件。自控性与耐受性,耐受性与感受性,感受性与网络认知维度间存在中等强度相关,其余两两维度之间存在低相关。这与已有研究(Young,1998;江楠楠,2005;李卉,2006)是基本一致的。因此,网络依赖M1模型是一个相对合理的模型。由于这个结构更加简洁,并且与原有结构有相似的功能,因此,在后面的研究中,我们就用 c1—c3 测试自控性,c4—c6 测试耐受力,c7—c10 测试时间管理,c11—c13 测试网络认知,c14—c16 测试感受性,并用网络依赖 M1 模型所得结构进行进一步的研究。

(二) 青少年情绪智力、网络依赖与青少年网络环境责任心的概况

为了了解青少年情绪智力、网络依赖与青少年网络环境责任心的基本情况,对其平均数和标准差进行了统计,结果见表4.2。

表4.2　青少年情绪智力、网络依赖与青少年网络环境责任心的概况

项目	情绪智力				网络依赖					网络环境责任	
	自我情绪	他人情绪	管理情绪	情绪运用	自控性	耐受力	时间管理	网络认知	感受性	自我责任	社会责任
M	2.811	3.218	3.028	3.105	2.738	2.401	3.216	2.767	2.798	3.913	4.506
SD	0.594	0.414	0.552	0.517	1.003	1.005	1.095	0.844	0.939	0.494	0.595

从上表可知,青少年情绪智力各个维度得分都在3分左右(最高分6分),低于中点分3.5分,这说明研究中所测试的青少年被试不善于了解自己和他人的情绪,并且管理和运用情绪不太好,这与青少年这个年龄阶段是相符的;青少年网络依赖各个维度的平均得分在3分左右(最高分为5分),处于中等水平,其中时间管理得分最高,耐受力得分最低,自控性、网络认知和感受性在2.7—2.8分之间,各个维度的标准差都在1分上下,样本平均值波动幅度较大,这说明青少年网络依赖是多方面、多样化的,呈现出多元的特征;青少年网络环境责任心的自我责任和社会责任得分都较高,其中社会责任得分达到

4.50 分左右（最高分为 5 分），这说明所测试的青少年被试社会主义核心价值观和中华优秀传统文化认同力是比较高的，这与国家、社会、学校、家庭的要求以及学生对社会主流文化的认同是相符的。

（三）变量间的相关分析

在青少年情绪智力、网络依赖与青少年网络责任心的基础上，对青少年情绪智力、网络依赖与青少年网络环境责任心的相关关系进行分析，分析结果见表 4.3。

表 4.3　青少年网络环境责任心、青少年情绪智力和网络依赖的相关

维度	青少年情绪智力				网络依赖				
	自我情绪	他人情绪	情绪管理	情绪运用	自控性	耐受力	时间管理	网络认知	感受性
网络自我责任	0.204**	0.212**	0.144**	0.187**	-0.340**	-0.437**	-0.349**	-0.369**	-0.424**
网络社会责任	0.499**	0.595**	0.567**	0.580**	-0.195**	-0.160**	-0.002	-0.030	-0.021

从上表可知，青少年网络自我责任与青少年网络情绪智力和网络依赖各个维度间存在非常显著相关，其中与青少年情绪智力各个维度间存在非常显著的正相关，相关系数在 0.144—0.204 之间；青少年网络自我责任与网络依赖各个维度存在非常显著的负相关，相关系数在 -0.340— -0.437 之间。

青少年网络社会责任与青少年情绪智力中的四个维度的相关系数在 0.499—0.595 之间，存在非常显著的正相关，这说明青少年网络情绪智力与青少年网络社会责任心之间存在一定程度的关系；青少年网络社会责任与时间管理、网络认知及上网的感受性不存在相关，与自控性、耐受力存在非常显著的负相关。

（四）青少年情绪智力、青少年网络依赖对青少年网络环境责任心的逐步回归

在相关分析的基础上，采用回归分析对青少年情绪智力、青少年网络依赖对青少年网络环境责任心的关系做进一步探讨，研究结果见表 4.4。

表4.4 青少年情绪智力、青少年网络依赖对青少年网络环境责任心的逐步回归分析

因变量	自变量	β	t	R	R^2	F
网络自我责任	自我情绪	0.156	4.457	0.542	0.289	61.012***
	耐受力	-0.254	-6.235			
	网络认知	-0.124	-2.970			
	感受性	-0.248	-5.976			
网络社会责任	情绪管理	0.369	10.669	0.676	0.455	165.321***
	情绪运用	0.393	11.362			
	自控性	-0.106	-3.458			

从表4.4可以看出，自我情绪、耐受力、网络认知、感受性相继进入对网络自我责任的逐步回归方程，回归系数分别为0.156、-0.254、-0.124、-0.248，决定系数为0.289；情绪运用、情绪管理和自控性相继进入对网络社会责任的逐步回归方程，回归系数分别为0.369、0.393和-0.106，决定系数为0.455。

（五）青少年情绪智力、网络依赖对青少年网络环境责任心的路径分析

在相关分析和回归分析基础上，采用协方差结构方程模型，分析青少年情绪智力，网络依赖对青少年网络环境责任心的影响路径，分析结果见图4.3和表4.5。

表4.5 青少年情绪智力、网络依赖对青少年网络环境责任心的主要拟合指标

模型	CMIN	DF	CMIN/DF	TCL	CFI	RMSEA	N
M	112.662	28	4.024	0.931	0.965	0.072	592

从表4.5和图4.3可知，青少年自我情绪、耐受力、网络认知、感受性对网络自我责任的路径系数分别为0.14、-0.26、-0.13、-0.25，决定系数为0.26；情绪运用、情绪管理和自控性对网络社会责任的路径系数分别为0.37、0.39和-0.11，决定系数为0.52。整个路径模型的拟合指数CMIN/DF为4.024，TLI和CFI分别为0.931和0.965，RMSEA为0.072，满足模型拟合指数优化的条件，可以认为，青少年情绪智力、网络依赖对青少年网络环境责任

心的路径模型良好。

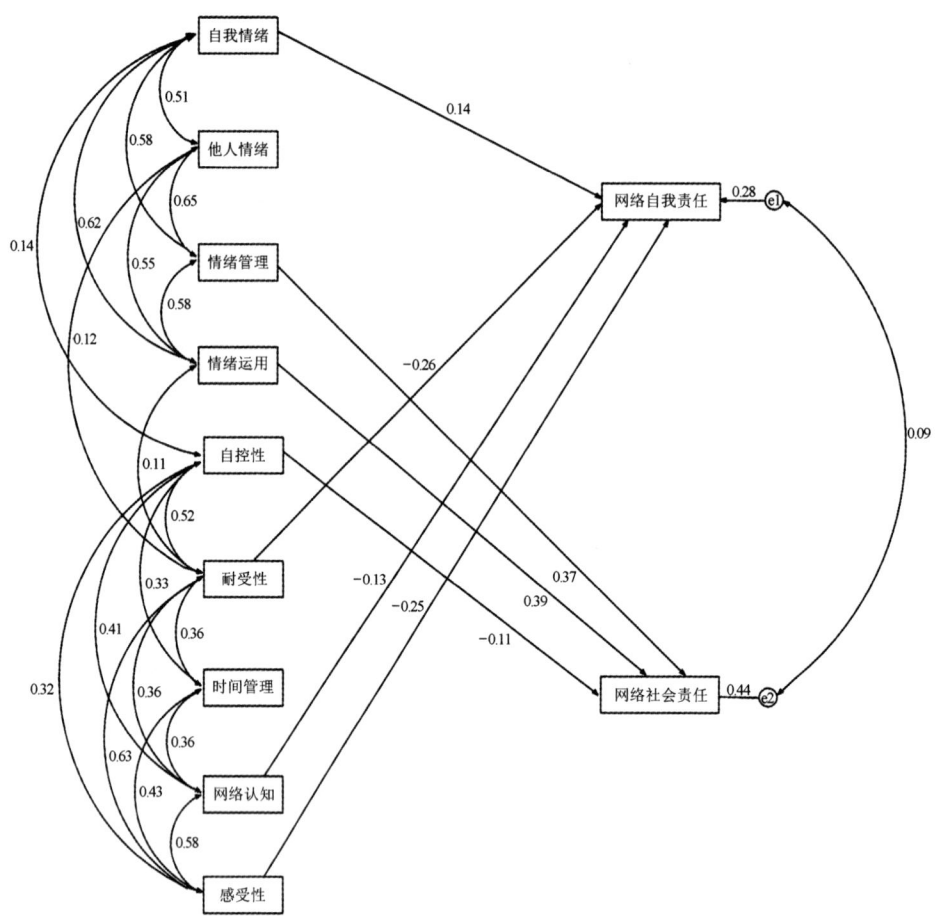

图4.3 青少年情绪智力、网络依赖对青少年网络环境责任心的路径分析

四、讨论

(一) 测量工具

研究中,研究工具结构的合理性是一个非常重要的问题。本研究在已有研究的基础上,首先对青少年情绪智力量表和青少年网络依赖问卷的结构进行了检验。检验结果表明,青少年情绪智力量表整个结构良好,可以直接用来测试

青少年情绪智力，青少年网络依赖问卷的部分题项因素负荷不是太高，删除因素负荷不是太高的题项之后，整个问卷仍可以分为 5 个大的维度，并且整个问卷的结构效度也不错，因此，删除掉部分题项后的青少年网络依赖问卷可以用来研究青少年的网络依赖。

（二）青少年情绪智力、网络依赖与青少年网络环境责任心的概况

结构检验的基础上，本研究对青少年情绪智力、网络依赖与青少年网络环境责任心的概况进行了分析。在情绪智力上，结果显示，青少年情绪智力各个维度平均得分在 3 分左右，不太高，这说明所测试的青少年群体不太善于了解自己和他人的情绪，同时也不善于管理和运用情绪。这与西班牙马拉加大学学者 Salguero（2013）和杨巧芳（2013）研究结论"青少年情绪智力总体处于中等水平"是一致的，也与范立斌（2008）的研究结论"山西省青少年绪智力总体上是呈正向趋势的，稳定的发展变化中有波动"的结果是一致的。

在网络依赖上，结果表明，青少年网络依赖各个维度的平均得分处于中等水平，这与已有研究是一致的（赵倩，2016；李卉，2006）。其中时间管理得分最高，耐受力的得分最低，这个结果也与李卉（2006）的研究结果是一致的。这说明当代青少年有一定的上网时间管理能力，难以忍受不能上网的状态。通过对青少年网络依赖 5 个维度配对样本平均数差异检验发现，10 组配对中除自控性与网络认知、自控性与感受性、网络认知与感受性不存在显著差异外，其余各配对样本均存在非常显著差异。

在网络环境责任上，结果表明，青少年网络环境责任心的网络社会责任和网络社会责任得分比较高，网络自我责任的得分较低，这与前面的青少年网络环境责任心特征分析的结果一致。这说明当代青少年受社会主义核心价值观和中华优秀传统文化的正面影响较多，青少年具有爱国、守法、诚信、民主团结等的价值观念，并具有孝道、忠义和勤劳等优秀品质。

（三）青少年网络环境责任心与情绪智力、网络依赖的相关分析

在青少年情绪智力、网络依赖与网络环境责任概况描述的基础上，对其相关关系进行了研究。研究发现，青少年网络自我责任与情绪智力存在低相关，

与网络依赖存在中等程度的负相关;青少年网络社会责任与情绪智力存在中等程度正相关,与网络依赖存在部分负相关。这说明青少年网络依赖程度越高,其网络自我责任越低;情绪智力越高,网络社会责任越高。

目前,缺乏情绪智力与网络自我责任间的相关研究,从情绪智力与网络自我责任中部分维度间的相关研究来看,情绪智力对网络自我责任可能存在一定程度的相关,如侯川美(2019)研究结论"情绪智力与攻击性行为存在负相关并能够预测攻击行为的发生";余相静(2014)研究结论"初中生的自尊、情绪智力与攻击行为之间呈显著负相关,自尊和情绪智力能显著的负向预测攻击行为"。Salguero(2013)等人通过对青少年开展系列情绪智力方面的干预训练,对缓解愤怒、敌意和个人痛苦等有积极的作用;张晓州等人(2019)的研究结论"情绪智力对大学生的生命意义感均具有显著正向预测作用";孔敏(2011)研究结论"大学生情绪智力和自我同一性存在显著的正相关"。

从网络自我责任与网络依赖的关系研究来看,目前也找不到直接证据证明两者具有相关关系,但也可从间接证据来证明。董文(2018)调查发现,"无聊倾向与网络依赖呈显著正相关,与主观幸福感、心理幸福感呈显著负相关,网络依赖与主观幸福感、心理幸福感呈显著负相关";赵新年和倪晓莉(2015)研究发现,"大学生的网络使用行为与自我意识存在着显著的相关性,网络使用过度与依赖,与大学生过多的自我否定与自我批评、较低的自我认同与自信心不足、消极的自我应对有关";刘沛汝等(2014)研究结论"手机依赖与心理和谐显著负相关,而与网络社会支持显著正相关,网络社会支持与心理和谐显著正相关"。陈功香和孙英红(2011)通过调查发现,"网络依赖程度与焦虑、抑郁、愤怒有显著正相关,与理智、控制、乐观和社会支持有显著负相关"。

关于情绪智力与网络社会责任呈中等程度的正相关,与Najimi等(2021)研究结论"社会责任与情绪智力呈显著相关",也与郭丹和郑永安(2020)调查结论"情绪智力对大学生社会责任感存在显著正向影响的结论"是一致的。另外,魏超(2019)也研究证明,"情绪智力与亲社会行为呈显著正相关,情绪智力高的个体更多地表现出亲社会行为;社会支持与亲社会行为呈显著正相关，社会支持可以正向预测亲社会行为"。

目前没有网络社会责任与网络依赖相关的直接研究，但有研究在游戏中学生网络成瘾对社会责任有负相关（Zheng Shiqi and Li Zaijing, 2017），另外，莫明琪等（2015）的研究证明，亲社会动机显著负向预测大学生网络成瘾。

总之，青少年情绪智力、网络依赖与青少年网络环境责任的相关研究与客观实际是一致的，青少年网络沉迷甚至成瘾越严重，其抵制网络色情、抑制网络攻击、反制网络诈骗、控制网络游戏和自制网络关系的能力越差；青少年情绪智力越高，越能体察和调适自身情绪和并对他人有更多移情性理解，更能深刻认识孝道、忠义、爱国守信等社会责任的内涵。

采用回归分析对青少年情绪智力、网络依赖与青少年网络环境责任心关系做进一步研究，研究表明，自我情绪、耐受力、网络认知、感受性对网络自我责任的有 0.289 的预测力；情绪运用、情绪管理和自控性相继进入对网络社会责任有 0.455 的预测力；这说明自我情绪、耐受力、网络认知、感受性可能是影响网络自我责任的因素，情绪运用、情绪管理和自控性可能是影响网络社会责任的重要因素。后者与郭丹和郑永安（2020）对大学生的研究是一致的。究其缘由，可能在于：在现实生活之中，责任履行总是在各种可能性间进行，并常常处于多种责任冲突中。当其处于个人与社会之间利益冲突的情境、社会责任心遭受冲击时，可发挥情绪运用、情绪管理和情绪控制的作用。一方面，当个体发生责任冲突时，情绪运用、情绪管理以及情绪控制较强的青少年，可设身处地以"当事人"的立场去理解、体会社会交往中他人的内心真实感受，由同理心产生对他人负责任的心理体验。这一理性层面的情绪信息加工过程，会浸入到青少年对自身所负社会责任认知、理解及情感体验中，帮助其形成清晰的社会责任的认知和稳定的社会责任的认同。

另一方面，当青少年学生具备较高的情绪运用和情绪管理能力时，不论其处于何种社会关系，还是面临什么样的责任冲突，始终能对情绪信息进行适时、恰当的调节和管理，并将个体与社会对立统一的关系落实到社会责任行为中，化解社会外界因素影响而产生的怒、怨、恨等负向情绪，避免个体自身情绪向不良方向蔓延，促进个体向正性情绪方向迁移，发挥情绪对青少年学生思维的导向作用，防止青少年行为偏差，使青少年学生形成可持续地和谐共进的社会责任行为。

采用协方差结构方程模型对青少年情绪智力、网络依赖与青少年网络环境责任心关系做进一步探讨，结果发现，青少年情绪智力、网络依赖与青少年网络自我责任和网络社会责任的决定系数都有略微的降低，但整体上与回归分析中所得的结果是基本一致的，并且路径模型的拟合指数良好。这再次说明青少年情绪智力、青少年网络依赖的不同维度对青少年网络环境责任心可能有不同影响。

通过上面的探讨，可以认为，本研究的意义在于：从理论上看，对青少年网络环境责任心的影响因素进行了初步的探讨，并获得了一些有益的研究结果。具体而言。由于以往网络环境责任的研究大多是关于青少年网络色情、网络成瘾、网络攻击等的个别研究，本研究是对青少年网络使用中自我和社会责任心理的整体研究，从对象角度上看，以往的青少年群体的研究主要针对中学生为研究对象，本研究的研究对象包括大、中学生，中学生包括职高和普高，大学生包括大专生和本科生，拓展了研究范围；从研究内容角度，情绪智力与社会责任研究在已有研究中有所涉及，本研究在情绪智力与网络环境责任的基础上纳入青少年网络依赖，并将青少年情绪智力、青少年网络依赖与青少年网络环境结合在一起进行探讨，已有的研究是很少的。从实践的角度看，将青少年情绪智力、青少年网络依赖与青少年网络环境责任心结合，采用协方差结构方程模型对其影响路径进行研究，这有助于实践中有针对性的对青少年网络环境责任心加以教育引导，尽可能减少青少年网络环境责任心中不利的影响因素。

当然，由于条件的限制，青少年网络环境责任心影响因素的研究也存在一些需要进一步探讨的问题。其一，青少年网络环境责任心的影响因素众多，本研究只考虑了情绪智力，网络依赖，进一步研究中需要进一步扩大影响因素的范围，找出其中主要的影响因素。其二，青少年网络环境责任心的影响因素可能既有直接的影响，也有间接的，进一步研究可能需要整合多方面的研究，找出其中的直接影响因素和间接影响因素。其三，影响因素可能因文化背景、组织文化以及青少年性别的差异出现不一致，进一步研究中也可能需要将这些可能作为调节变量的因素考虑进来，这会有利于研究的扩展。此外，采用相关范式来探讨青少年网络环境责任心的影响因素在方法上也面临一些问题,进一步研究中可能需要拓展研究范式,从不同范式中寻找证据。这样对青少年网络环境责任心影响因素的研究将更具说服力。

第五章 青少年网络环境责任心与效果变量的关系模型

第一节 概 述

一、责任心的效果变量

在责任心效果变量方面,研究者主要从组织和工作者两个角度进行研究,组织方面主要关注组织目标的影响,研究者主要研究对工作绩效(冯明等,2012;张怡阁,2013;郑兴山等,2018)、公民行为(杨硕、张颖,2019;Steele et al., 2008; Zachary et al., 2018; Choudhary, Singh, 2012)的影响;工作者角度主要研究责任心对身心发展影响,具体来讲,研究者比较集中的内容是:亲社会行为(吉优,2017;阳群,2018;李娜娜,2018)、成就动机(郭玮,2014;李丹,2015)、社会支持(贺文均,2013;李慧,2016;张凤贤,2018)、利他行为(宋琳婷,2012;李丽娜等,2021)、工作投入(Kelly et al., 2018; Trautwein, 2015; Kaitlyn, 2019;周海林,2017)、学业成绩(Ponnock et al., 2020; Di Domenico, Fournier, 2015)、健康长寿(Gartland, 2021; Sutin et al., 2018; Stephan, 2019; Wilson, 2015;任可雨,2017)、专业情感(张淑婷,2017; Huo, Jiang, 2021; Agarwal, Gupta, 2018)、心理不

适（Fan，2020；李惠敏，2013；Kristin，Leonard，2017；Kelly et al.，2017；Weipeng L.，2015）、环保行为（徐靳婷，2015；Fadirubun，Astra，Miarsyah，2019）。还有道德推脱、亲子关系、同伴关系、求助意愿、人格特质、恋爱动机、公正世界信念、婚姻满意度、智力水平、专业承诺、学习动机等。

总之，责任心对组织和个体都会有影响，近年来，对责任心效果变量的研究愈加丰富，本章也期望在此领域丰富青少年责任心工作研究。

二、责任心研究中的调节变量

目前，责任心研究中的调节变量不多，主要有内部调节变量和外部调节变量两种，外部调节变量主要集中在企业管理研究方面，主要有寻求上级反馈对责任心与任务绩效之间的调节效应（郑兴山等，2018）、管理氛围调节员工责任心与工作晋升关注的关系（Liu，Wan，2020）、企业责任制水平调节员工责任心对工作绩效的影响作用（张怡阁，2013）；内部调节变量主要集中在心理研究方面，主要有心理契约在角色责任心与组织公民行为间调节作用（杨硕、张颖，2019）、自我效能感和成就动机在责任心和拖延之间的调节效应（王武，2017）。此外还包括父母经济地位（Egan，2017）、自我概念、坚韧性（Robert，2018）。

本章也会对责任心与效果变量之间关系存在的内部调节变量进行探讨，同时为青少年网络环境责任心研究领域提供理论和实践借鉴。

第二节　青少年网络环境责任心与学业自我效能感、学习倦怠和自尊的关系

一、研究缘由

已有责任心研究表明，责任心对于个体的工作投入、亲社会行为、职业

倦怠、抑郁、公民组织行为、工作成绩、道德推脱、亲子关系、同伴关系、求助意愿、人格特质、公正世界信念、婚姻满意度、智力水平、专业承诺等因素都有较显著的影响。本书考虑到青少年学习生活的特殊性，选择了学业效能感、学业倦怠以及自尊进行研究。学业自我效能是指个体对自身成功完成学业任务所具有能力的判断与自信。学业效能感是区分学习效果的一个比较重要的变量，它会影响学习态度、学习策略、教学方法等，从而影响学习成绩和学业成就。研究表明，高自我效能的个体，当感到个人表现与目标有差距时，会更加努力，而低自我效能者却会减少努力；个体自我效能感的高低直接决定了其努力学习的可能性，是学习动机的一个重要影响因素。

因此，作为责任心的效果变量，我们期望能够找到责任心的各个维度与学习效能感之间的关系，从而间接地了解责任心对学生学业成绩或能力的影响。

二、研究方法

（一）样本介绍

本节的样本与上一章的样本选自同一样本群体，在此不再赘述。

（二）研究工具

（1）自编青少年网络环境责任心问卷。

（2）学业自我效能感问卷（见附录13），该量表由 Pintrich 和 Groot（1990）编制，把学业自我效能分为学习能力自我效能感和学习行为自我效能感两个分量表。学习能力自我效能感是指个体是否具有顺利完成学业、取得良好学习成绩和避免学业失败的判断和自信；学习行为效能感是指个体能否采取一定的学习策略达到学习目标的判断与自信。该量表经过梁宇颂（2000）修订表明，两个分量表 α 系数分别为 0.850 和 0.752，因数分析表明，该量表结构良好。2 个分量表各有 11 个题目，共有 22 个题目，每个题目按非常不同意、不同意、有点同意、同意、完全同意 5 级进行评分，单选迫选形式进行调查。该量表得分越高表示学业自我效能感越高。

（3）学习倦怠量表（见附录 14），该量表由吴艳等（2010）编制。包括身心耗竭、学业疏离和低成就感三个维度。身心耗竭是指精力耗损，身心耗竭；学业疏离是指对与学习有关的活动的热忱逐渐消失、对学业持负面态度；低成就感是指个体在学业方面体会不到成就感或者没有效能感。研究表明（杨亚琦，2020），量表的 α 系数为 0.854，身心耗竭、学业疏离和低成就感三个分维度 α 系数分别为 0.688、0.732 和 0.762，信度良好。该量表共有 16 个题目，每个题目按非常不符合、不太符合、说不清楚、比较符合、非常符合 5 级评分，总分反映了个体学习倦怠的总体状况，得分越高表示学生的倦怠水平越高。

（4）Rosenberg 自尊量表（见附录 15）。该量表包括自我肯定维度和自我否定两个维度。自我肯定是指个体倾向于肯定自己的优点和能力；自我否定是指个体倾向于怀疑自己的价值和效能。研究表明（杨烨，2007），自尊的二因素模型拟合数据良好（$\chi^2 = 126.52$，$\chi^2/df = 3.72$，$RMSEA = 0.07$）。每个题目按非常不符合、比较不符合、比较符合、非常符合 4 级评分，单选迫选形式进行调查。自我肯定维度得分越高自尊越高，自我否定维度得分越高自尊越低。

三、研究结果

（一）学业自我效能感问卷、学习倦怠问卷和自尊问卷结构检验

由于学业效能感问卷、学习倦怠量表和自尊问卷是非常重要的研究工具，工具结构的合理性就是一个值得考虑的问题。因此，分别对学业效能感问卷、学习倦怠量表和自尊问卷的结构进行检验。

结构检验时，为了便于检验，需要设定不同的检验模型。学业自我效能感模型 M0、学习倦怠模型 M0 以及自尊问卷模型 M0 都是虚拟模型，都是一对角矩阵，所有的协方差都为 0。学业效能感 M1 模型指学业效能感可以分

为学习能力自我效能感与学习行为自我效能感，且两者之间存在相关。学习倦怠 Ml 模型指学习倦怠可以分为身心耗竭、学业疏离和低成就感，并且两两之间存在相关。自尊模型 M0 指自尊问卷可以分为自我肯定和自我否定，并且自我肯定和自我否定之间存在相关。具体的检验结果见图 5.1、图 5.2、图 5.3 和表 5.1。

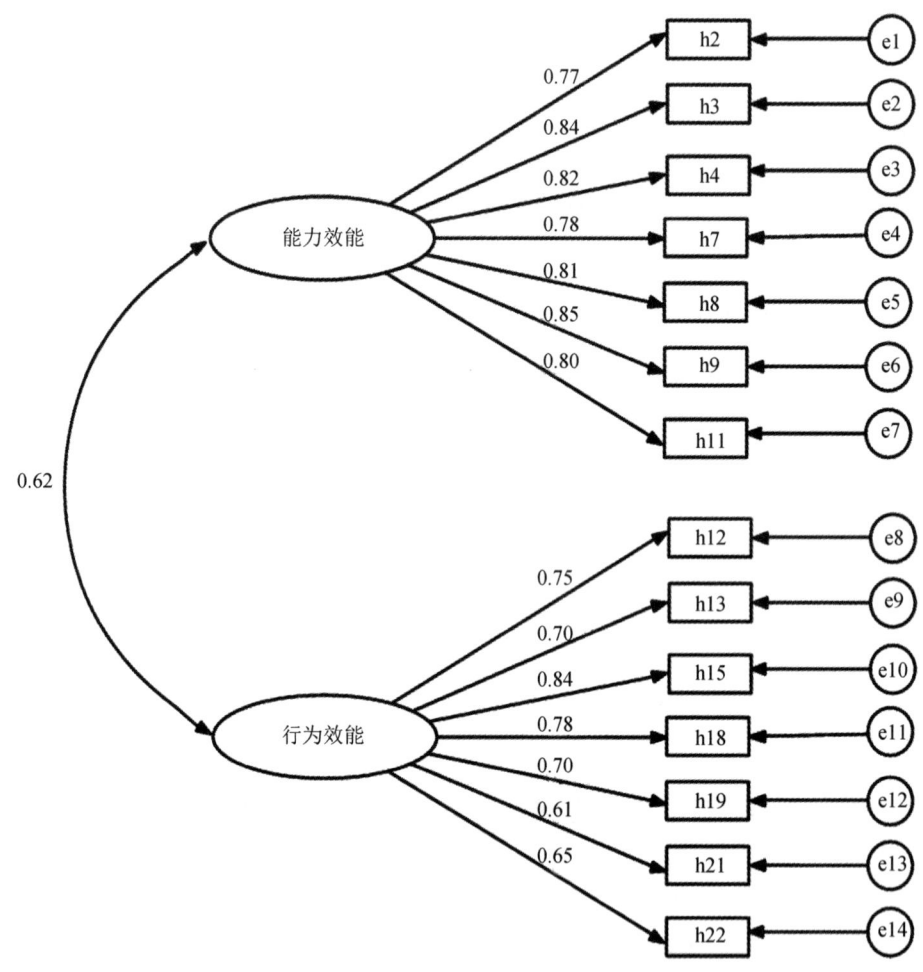

图 5.1　学业自我效能感问卷验证性因素分析

第五章 青少年网络环境责任心与效果变量的关系模型

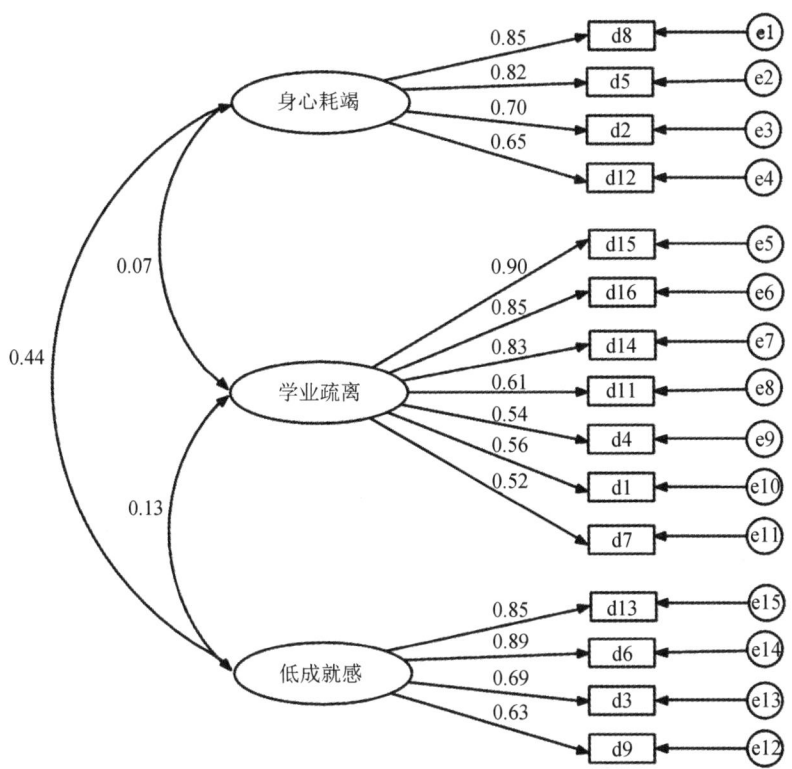

图 5.2 学习倦怠问卷验证性因素分析

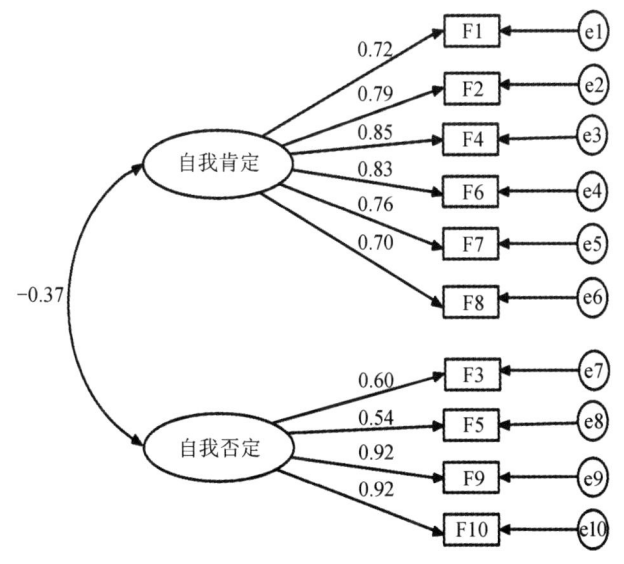

图 5.3 自尊问卷验证性因素分析

表 5.1　学业自我效能感、学习倦怠和自尊问卷验证性因素分析主要拟合指标

模型	CMIN	DF	CMIN/DF	TLI	CFI	RMSEA	N
学业自我效能感 M0	6448.964	186	34.67	0.000	0.000	0.239	592
学业自我效能感 M1	328.955	73	4.506	0.954	0.963	0.077	592
学习倦怠 M0	9496.567	152	62.48	0.000	0.000	0.367	592
学习倦怠 M1	322.222	85	3.791	0.932	0.945	0.069	592
自尊 M0	24067.89	84	286.51	0.000	0.000	0.586	592
自尊 M1	116.354	32	3.636	0.967	0.976	0.067	592

从上表和上图可知，学业自我效能感模型 M0 的各项拟合指数都很差，当我们用 h2—h4、h7—h9、h11 测试学习能力自我效能感，用 h12—h13、h15、h18—h19、h21—h22 测试学习能力自我效能感，整个模型的拟含指数良好，满足模型拟合指数优化的条件。同时，能力效能感和行为效能感存在一定相关。这与 Pintrich 和 Groot（1990）以及梁宇颂等人（2000）的研究是一致的。因此，学业自我效能感模型 M1 是一个相对合理的模型。由于学业自我效能感 M1 更加简洁，并且与原有结构有相似的功能，因此，本研究用 h2—h4、h7—h9、h11 测试学习能力自我效能感，用 h12—h13、h15、h18—h19、h21—h22 测试学习能力自我效能感，并用学业自我效能感模型 M1 所得的结构进行进一步研究。

从上表和上图还可知，学习倦怠模型 M0 的各项拟合指数都很差，用 d2、d5、d8 和 d12 测试身心耗竭，d1、d4、d7、d11、d14—d16 测试学业疏离，d3、d6、d9、d13 测试低成就感，整个模型的拟合指数良好，满足模型拟合指数优化的条件。同时，身心耗竭、学业疏离、低成就感两两之间存在相关，其中，身心耗竭与低成就感存在中等程度的正相关，学业疏离分别与身心耗竭、低成就感存在低的负相关，这与已有研究（吴艳等，2010；杨亚琦，2020）是一致的。由于学习倦怠模型 M1 更简洁，并且与原有结构有相似的功能，因此，本研究用 d2、d5、d8 和 d12 测试身心耗竭，d1、d4、d7、d11、d14—d16 测试学业疏离，d3、d6、d9、d13 测试低成就感，并用学习倦怠模型 M1 中所得结构做进一步研究。

同学业自我效能感和学习倦怠结构检验的结果相似，从上表和上图还可

知,自尊 M0 的各项拟合指数都很差,当我们用 F1—F2、F4、F6—F8 测试自我肯定,F3、F5、F9 和 F10 测试自我否定时,整个模型的拟合指数良好,满足模型拟合指数优化的条件。同时,自我肯定和自我否定之间存在中等程度负相关,这与已有研究(杨烨,2007)是基本一致的。由于这个结构更简洁,并且与原有结构有相似的功能,因此,自尊模型 M1 是相对合理的模型。本研究用 F1—F2、F4、F6—F8 测试自我肯定,F3、F5、F9 和 F10 测试自我否定时,并用自尊模型 M1 所得结构进行进一步研究。

(二)青少年网络环境责任心、学业自我效能感、自尊以及学业倦怠的概况

为了了解青少年网络环境责任心、学业自我效能感、学业倦怠以及自尊的基本情况,对其平均数和标准差进行了统计,统计结果见表5.2。

表5.2 青少年网络环境责任心、学业自我效能感、自尊以及学业倦怠的概况

维度	网络自我责任	网络社会责任	能力效能	行为效能	自我肯定	自我否定	身心耗竭	学业疏离	低成就感
M	3.913	4.506	3.609	3.804	3.150	2.289	3.047	2.566	2.135
SD	0.494	0.595	0.791	0.699	0.499	0.566	0.902	0.655	0.830

从上表可知,青少年网络环境责任心的自我责任和社会责任得分都较高,其中社会责任得分达到4.50分左右(最高分为5分),这说明所测试的青少年被试社会主义核心价值观和中华优秀传统文化认同力是比较高的,这与国家、社会、学校、家庭的要求以及学生对社会主流文化的认同是相符的。青少年能力效能和行为效能得分分别为3.609和3.804,都高于中点分(2.50),行为效能高于能力效能。青少年学业倦怠中身心耗竭得分为3.047,高于中点分(2.50),学业疏离得分为2.566,处于中点分(中点分2.50)上下,低成就感得分为2.135,低于中点分(2.50)。这与青少年学业成就感不高,特别是在学习活动中感觉身心疲惫,对学业活动有些逃避或者疏离是相符的。青少年自尊中的自我肯定和自我否定分别为3.150和2.289(总分为4分),自我肯定高于自我否定,这与青少年时期心理发展是相符的。

(三)青少年网络环境责任心与学业自我效能感、自尊以及学业倦怠的相关分析

在青少年网络环境责任心,学业自我效能感、自尊以及学业倦怠概况了解的基础上,对青少年网络环境责任心与学业自我效能感、自尊以及学业倦怠的相关关系进行分析,分析结果见下表。

表5.3 青少年网络环境责任心与学业自我效能感、自尊以及学习倦怠的相关分析

维度	能力效能	行为效能	自我肯定	自我否定	身心耗竭	学业疏离	低成就感
网络自我责任	0.058	0.151**	0.245**	-0.268**	-0.219**	-0.113**	-0.485**
网络社会责任	0.178**	0.275**	0.286**	-0.080	-0.063	-0.173**	-0.278**

从上表可知,青少年网络自我责任与行为效能、自我肯定、自我否定、身心耗竭、学业疏离、低成就感存在显著相关,其中与行为效能和自我肯定存在显著的正相关,与自我否定、身心耗竭、学业疏离、低成就感存在显著的负相关;网络社会责任与能力效能、行为效能、自我肯定、学业疏离、低成就感存在显著相关,其中与能力效能、行为效能和自我肯定存在显著的正相关,与学业疏离和低成就感存在显著负相关。网络自我责任与能力效能不存在明显相关,网络社会责任与自我否定和身心耗竭之间也不存在明显的相关。

(四)青少年网络环境责任心效果变量以及效果变量间的逐步回归分析

在相关分析基础上,采用逐步回归分析对教师情绪工作与学业自我效能感、自尊以及学习倦怠的关系做进一步探讨,研究结果见表5.4。

表5.4 青少年网络环境责任心效果变量以及效果变量间的逐步回归分析

因变量	自变量	β	t	R	R²	F
能力效能	行为效能	0.621	19.088	0.808	0.653	7.028***
	学业疏离	-0.259	-7.996			
	网络自我	-0.065	-2.651			

(续表)

因变量	自变量	β	t	R	R²	F
行为效能	学业疏离	-0.191	-5.615	0.820	0.673	16.524***
	网络社会	0.105	4.247			
	自我肯定	0.125	4.065			
自我肯定	学业疏离	-0.336	-8.506	0.703	0.495	21.749***
	自我否定	-0.281	-9.147			
	网络社会	0.142	4.664			
自我否定	低成就感	0.318	7.998	0.600	0.360	12.325***
	网络社会	0.124	3.511			
身心耗竭	网络自我	-0.151	-3.743	0.381	0.145	16.579***
	自我否定	0.340	7.820			
学业疏离	网络社会	-0.147	-3.599	0.322	0.103	16.930***
	自我否定	0.276	6.133			
低成就感	网络自我	-0.300	-8.949	0.678	0.460	11.161***
	身心耗竭	0.300	9.151			
	行为效能	-0.115	-3.515			
	网络社会	-0.111	-3.341			

从上表可以看出,行为效能、学业疏离、网络自我对能力效能的逐步回归方程,回归系数分别为0.621、-0.259和-0.065,决定系数为0.653;学业疏离、网络社会、自我肯定相继进入对行为效能的回归方程,回归系数分别为-0.191、0.105和0.125,决定系数为0.673;学业疏离、自我否定、网络社会相继进入对自我肯定的回归方程,回归系数分别为-0.336、-0.281和0.142,决定系数为0.495;网络自我和自我否定进入对身心耗竭的逐步回归方程,回归系数分别为-0.151和0.340,决定系数为0.145;网络社会、自我否定进入对学业疏离的逐步回归方程,回归系数分别为-0.147和0.276,决定系数为0.103;低成就感、网络社会相继进入对自我否定的回归方程,回归系数分别为0.318和0.124,决定系数为0.360;网络自我、身心耗竭、行为效能、网络社会相继进入对低成就感的回归方程,回归系数分别为-0.300、

0.300、-0.115 和 -0.111，决定系数为 0.460。

（五）青少年网络环境责任心与学业自我效能感、自尊以及学业倦怠关系的路径分析

在已有研究和回归分析的基础上，构想青少年网络环境责任心与学业自我效能感、自尊以及学习倦怠关系的路径模型，见图 5.4。

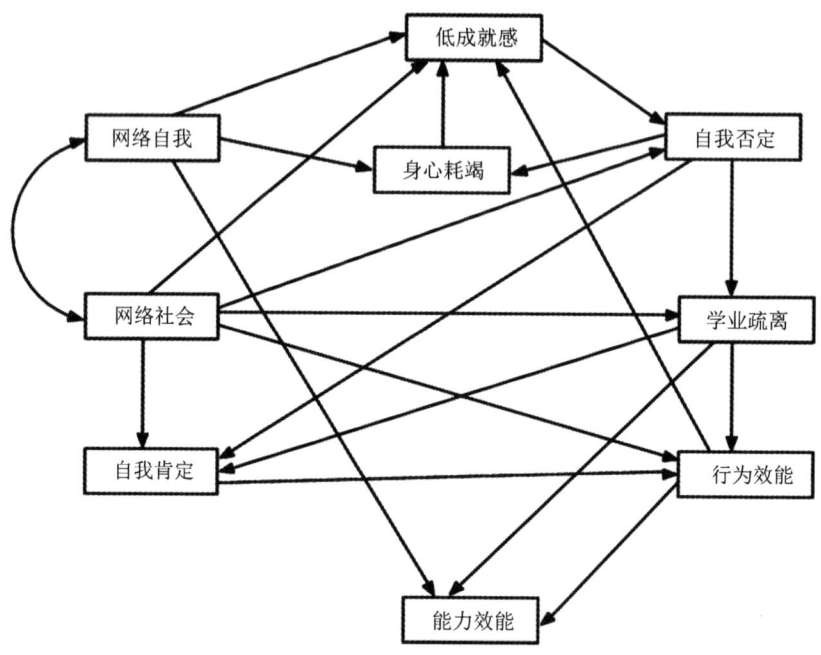

图 5.4 青少年网络环境责任心与学业自我效能感、自尊以及学习倦怠关系

采用所测试的青少年样本，对构想模型进行检验。检验结果见图 5.5。

从图 5.5 可知，除网络社会对自我否定、网络自我对能力效能的路径系数为 0.04 和 0.06 以外，模型其他各项路径系数都在 0.10 以上，整个模型各项拟合指数良好，满足模型拟合优化的条件。需要指出的是，上图所述模型在构想模型的基础上做了修改，增加了能力效能到自我肯定的路径。但整个模型与构想模型没有实质性的差异，可以认为，构想模型具有合理性。

第五章 青少年网络环境责任心与效果变量的关系模型

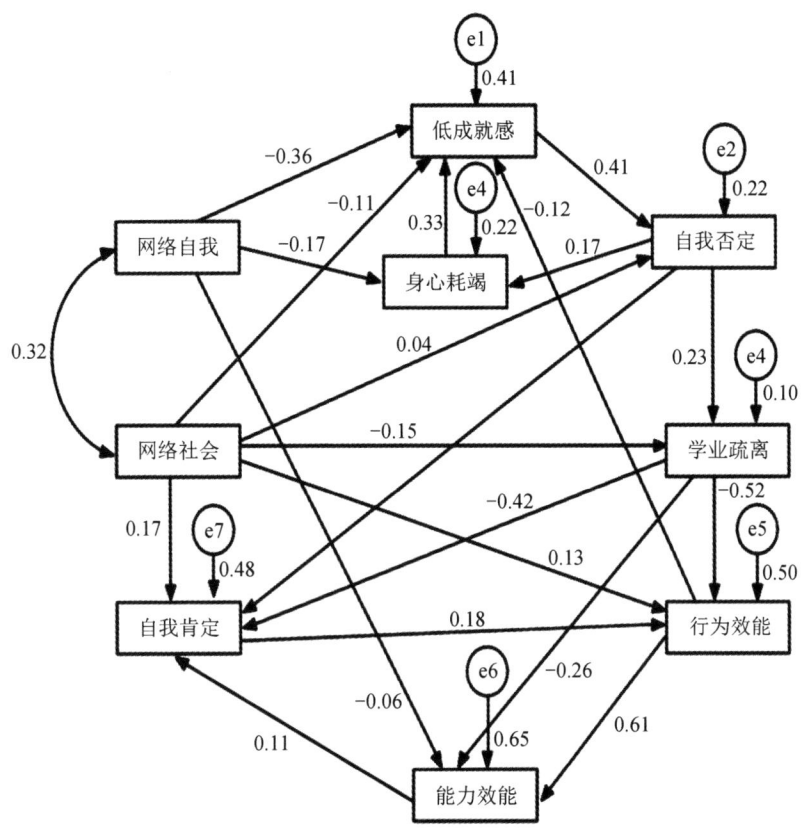

图 5.5 青少年网络环境责任心与学业自我效能感、
自尊以及学习倦怠关系的路径分析

具体而言，能力效能对自我肯定有直接影响，影响力为 0.106，网络自我，对自我肯定有间接影响，影响力为 0.067，网络社会、自我否定和学业疏离对自我肯定既有直接影响，也有间接影响，直接影响力分别为 0.175、-0.291 和 -0.422，间接影响分别为 0.092、-0.127 和 -0.068，五个因素对情绪耗竭的决定系数为 0.487；自我肯定对行为效能有直接影响，影响力为 0.183，自我否定对行为效能有间接影响，影响力为 -0.201，网络社会和学业疏离对行为效能既有直接影响，也有间接影响，直接影响力分别为 0.132 和 -0.524，间接影响分别为 0.132 和 -0.094，四个因素对行为效能的决定系数为 0.336；网络自我、行为效能对能力效能有直接影响，影响力分别为

-0.064 和 0.610，网络自我、网络社会、低成就感对能力效能有间接影响，影响力分别为 0.031、0.204 和 -0.077，学业疏离对能力效能既有直接影响，也有间接影响，直接影响力为 -0.265，间接影响为 -0.379，五个因素对能力效能的决定系数为 0.651；自我否定对身心耗竭有直接影响，影响力为 0.174，行为效能对身心耗竭有间接影响，影响力为 -0.009，网络自我对身心耗竭既有直接影响，也有间接影响，直接影响力为 -0.174，间接影响为 -0.031，三个因素对身心耗竭的决定系数为 0.144；网络社会、低成就感对自我否定有直接影响，影响力分别为 0.041 和 0.413，网络自我对自我否定有间接影响，影响力为 -0.179，三个因素对自我否定的决定系数为 0.223；网络社会、自我否定对学业疏离有直接影响，影响力分别为 -0.154 和 0.230，网络自我、身心耗竭对学业疏离有间接影响，影响力分别为 -0.041 和 0.032，四个因素对学业疏离的决定系数为 0.103；身心耗竭、行为效能对低成就感有直接影响，影响力分别为 0.327 和 -0.124，网络社会和网络自我对低成就感既有直接影响，也有间接影响，直接影响力分别为 -0.107 和 -0.360，间接影响分别为 -0.034 和 -0.071，四个因素对低成就感的决定系数为 0.412。见表 5.5 和表 5.6。

表 5.5　内源变量的直接效应、间接效应和总效应

内源变量	直接效应	间接效应	总效应	R^2
对自我肯定				0.487
网络社会	0.175	0.092	0.266	
网络自我		0.067	0.067	
能力效能	0.106		0.106	
自我否定	-0.291	-0.127	-0.418	
学业疏离	-0.422	-0.068	-0.490	
对行为效能				0.336
网络社会	0.132	0.132	0.265	
自我肯定	0.183		0.183	
自我否定		-0.201	-0.201	
学业疏离	-0.524	-0.094	-0.618	
对能力效能				0.651
网络社会		0.204	0.204	
网络自我	-.064	0.031	-0.033	

(续表)

内源变量	直接效应	间接效应	总效应	R^2
学业疏离	-0.265	-0.379	-0.644	
行为效能	0.610		0.610	
低成就感		-0.077	-0.077	
对身心耗竭				0.144
网络自我	-0.174	-0.031	-0.205	
自我否定	0.174		0.174	
行为效能		-0.009	-0.009	
对自我否定				0.223
网络社会	0.041		0.041	
网络自我		-0.179	-0.179	
低成就感	0.413		0.413	
对学业疏离				0.103
网络社会	-0.154		-0.154	
网络自我		-0.041	-0.041	
身心耗竭		0.032	0.032	
自我否定	0.230		0.230	
对低成就感				0.412
网络社会	-0.107	-0.034	-0.141	
网络自我	-0.360	-0.071	-0.431	
身心耗竭	0.327		0.327	
行为效能	-0.124		-0.124	

表5.6 青少年网络环境责任心与学业自我效能感、自尊以及学习倦怠关系的路径分析的拟合指数

模型	CMIN	DF	CMIN/DF	TCL	CFI	RMSEA	N
M	23.282	15	1.552	0.990	0.996	0.031	592

四、讨论

研究工具结构的合理性是一个非常重要的问题，本书首先对青少年学业自我效能感问卷、学习倦怠问卷和自尊问卷的结构进行了检验。检验结果表明，青少年学业自我效能感问卷、学习倦怠问卷和自尊问卷中部分题项的因素负荷不是太高，删除了因素负荷偏低、代表性较低的题项后，学业自我效能感问

卷、学习倦怠量表和自尊问卷的结构良好，可以用来测试青少年学业自我效能感、学习倦怠和自尊。

在结构检验的基础上，对青少年网络环境责任心、学业自我效能感、学习倦怠和自尊的概况进行分析。研究表明，青少年能力效能和行为效能得分都高于中点分，但行为效能高于能力效能。这与前人的研究（汤茜，2017；肖秀玲，2020；江月，2021）所得到的结论是一致的。可能是一方面随着信息化社会发展，学生获取网络学习信息的能力提高；另一方面家长对学生学习比以前更重视，对孩子学习有更多的陪伴、关心和鼓励，促进了青少年学生学业自我效能感提高（江月，2021）。学生行为效能感高于能力效能感，可能是因为，一方面青少年时期学生已经掌握了基本的学习方法、学习策略，对自己学习行为过程有更多的自信，另一方面由于青少年情绪两极性特点，时而感觉特别自卑，时而又特别自信，所以对自己的学习能力自信稍显不足。

研究还表明，青少年学业倦怠中青少年更多地在身心感觉疲劳、疲倦方面得分高，而在学业疏离和低成就感维度处于中等偏低水平。这与相关学者（杨亚琦，2020；丁萌萌，2016）的研究结论是一致的，与青少年学业成就感不高，特别是在学习活动中感觉身心疲惫，对学业活动有些逃避或者疏离是相符的。青少年自我肯定高于自我否定，已有的研究支持这一观点（Junker et al., 2018; Joshua, Abdulkadir, 2017；潘颖秋，2015）。这可能与青少年的自我意识日趋增强，重要社会关系对青少年自尊发展的积极影响有密切关系（潘颖秋，2017）。

在青少年网络环境责任心、学业自我效能感、学习倦怠和自尊概况描述的基础上，对其相关关系进行了研究。研究发现，青少年网络自我责任与行为效能、自我肯定、自我否定、身心耗竭、学业疏离、低成就感存在显著相关，与能力效能不存在相关，这说明青少年网络自我责任心与自尊和学习倦怠关系密切。从目前的研究来看，虽然难以找到直接的证据。但有研究提供了间接的支持，有学者研究网络色情与自尊存在显著负相关（Hong, Cheng, 2012）；网络游戏成瘾与学习倦怠存在显著正相关（王滨、于海滨、杨爽，2007）；网络攻击与自尊存在负相关（王滨等，2007；施春华等，2017；安洋洋，2021；杨继平等，2021；李勤姣，2020）；自我效能感、自尊和学业成就存在显著正相关（于倩，2020）；自尊与网络游戏成瘾存在显著负相关（张晓琳、喻承甫、路红，2017；Shin et al.，2019）；自尊与网络偏差行为存在显著负相关（金童林等，2017）；自尊与学习倦怠呈负相关（董良、张婷、杨海波，2021；罗磊，2021）；网络游戏与自我效能感呈正相关（Lee，Jeong，2018）。自尊与学业自我效能呈正相关（闫景瑞等，2021；周锬锬，2020）；手机网络成瘾依赖与学习倦怠呈正相关（刘思佳、金灿灿，2018；李昊等，2017；王传奇，2014）；游戏成瘾与抑郁、社交焦虑和孤独感的关系（魏琳，2014）。

整合青少年网络环境责任心、学业自我效能感，学习倦怠和自尊相关关系的研究结果，可以得出，不同的网络环境责任心与学业自我效能感、学习倦怠和自尊有不同的关系。其中。青少年网络环境责任心中的网络自我责任心与学业自我效能感部分维度和自尊、学习倦怠关系密切，网络社会责任心分别与自尊、学习倦怠部分维度和学业自我效能感关系密切。采用回归分析，对青少年网络环境责任心、学业自我效能感、学习倦怠和自尊的关系做进一步研究，研究表明，行为效能、学业疏离、网络自我对能力效能有一定的预测力，预测力为0.653；学业疏离、网络社会、自我肯定相继进入对行为效能有一定的预测力，预测力为0.673；学业疏离、自我否定、网络社会相继进入对自我肯定有一定的预测力，预测力为0.495；网络自我和自我否定对身心耗竭有一定的预测力，预测力为0.145；网络社会、自我否定对学业疏离有一定的预测力，预测力为0.103；低成就感、网络社会相继进入对自我否定有一定的预测力，预测力为0.360；网络自我、身心耗竭、行为效能、网络社会相继进入对低成就感有一定的预测力，预测力为0.460。这与相关分析所得结果是基本相符的。

为了进一步探讨青少年网络环境责任心、学业自我效能感，学习倦怠和自尊的关系中哪些是直接关系，哪些是间接关系，哪些因素可能通过一些因素影响其他因素，影响力有多大？在已有研究和回归分析的基础上，构建青少年网络环境责任心效果变量路径模型（见图5.4和图5.5），采用协方差结构方程模型对构建模型进行检验。检验结果表明，建构模型的各项拟合指数良好，网络自我责任心直接影响低成就感、身心耗竭和能力效能，并通过低成就感、能力效能、对自我肯定、自我否定产生影响；网络社会责任心直接影响自我肯定、行为效能、学业疏离、自我否定和低成就感，并通过学业疏离和行为效能对能力效能产生影响。检验结果还表明，从整体上看，无论是直接影响还是间接影响，青少年网络环境责任心对教师学业自我效能感、学习倦怠以及自尊的影响既表现为路径上的差异，也表现为路径系数上的差异。换句话说，这既是质的差异，也是量的差异。

从已有研究来看，不同青少年网络环境责任心对青少年学业自我效能感、学习倦怠以及自尊影响的差异可以得到部分研究的支持。Agarwal 和 Gupta（2018）发现，责任心在工作投入与离职意愿的关系中起调节作用。Huo 和 Jiang 研究表明，责任心在工作中使人兴旺发达，促进职业和工作满意度的提高。Trautwein 等（2015）研究表明，责任心和学习兴趣显著预测学业努力。学习责任心强的学生即使学习兴趣较低，甚至出现比较严重的学习倦怠，如果通过自己学习努力获得一定学习成绩时，学生就会对自己学业产生积极地评价，促进学业自我效能感，提高自尊水平；如果通过自己学习努力没有获得一定学习成绩时，学生就会对自己学业产生消极的评价，逐渐失去学业自我效能感，降低自尊水平。学习责任心差，学习兴趣比较低，学习倦怠比较严重的学生，很难通过自己学习努力获得一定学习成绩，这些学生就会对自己学业产生消极评价，丧失学业自我效能感，降低自尊水平。这都支持了不同网络环境责任心对学业自我效能感、学习倦怠以及自尊有不同的影响。此外，加拿大卡尔顿大学的一项研究表明（Kaitlyn，2019），责任心对学业成就目标有直接影响作用，责任心通过学习毅力和自我控制对学业成就有间接作用。

但本研究同已有研究也存在不一致之处。例如张淑婷（2017）研究表明：工作责任心与专业情感呈显著正相关，这与我们研究结论"责任心与学业自我效能感部分维度呈正相关"有些出入，经过分析发现，张淑婷将工作责任心分为尽职、敬业、创新和勤勉四个维度，其实就是本研究网络社会责任心中的部分题项，不是本研究所界定的网络环境责任心。概念界定的不同是结果不同的主要原因。此外，研究对象的不同和研究方法的不同也可能导致本研究结果与已有研究存在不一致。这些都是进一步研究值得注意的问题。

通过上面的探讨，可以认为，本研究的意义在于：从理论上看，将青少年网络环境责任心与学业自我效能感、学习倦怠和自尊结合在一起，考察青少年网络环境责任心对学业自我效能感，学习倦怠和自尊的影响，这可能会减少因忽视多种心理变量的共同作用而使单个变量的作用受到错误的或过高的估计；

并且研究发现，不同青少年网络环境责任心对学业自我效能感、学习倦怠和自尊的不同维度有不同影响，这种影响既体现出质的差异，也表现为量的差异。这对于进一步研究青少年网络环境责任心的机制是有启发的。从实践上看，不同青少年网络环境责任心对学业自我效能感、学习倦怠和自尊不同维度有不同的影响，这提示我们，在教育教学实践中，应该根据不同青少年网络环境责任心的不同，有针对性的关注，这有助于提高青少年学业自我效能感和自尊，减少学习倦怠。当然，由于青少年网络环境责任心的研究处于起步阶段，关于青少年网络环境责任心效果变量的研究非常稀少。同许多探索性的研究一样。本章也面临一些需要进一步解决的问题。这主要表现在：

其一，效果变量的选择比较有限。源于这方面的研究非常稀少，可以借鉴的材料有限。进一步的研究可能需要加大这方面的探索。

其二，采用协方差结构方程技术对青少年网络环境责任心对教师学业自我效能感、学习倦怠和自尊的影响进行研究，我们的目的是希望找出其中的因果关系，但是协方差结构方程技术仅仅是一种统计处理技术，这离我们的目的还有一定的距离，进一步的研究需要从多方面寻找证据，这会增强研究的说服力。

其三，研究中网络自我对能力效能、行为效能对身心耗竭出现了负向的影响，这与已有的一些研究存在一些差异，这可能是因为在两种关系中受到调节变量的影响比较大，从而与已有研究不一致。由于目前研究的限制，我们没有对这个问题进行深入的探讨。进一步研究可能需要考虑一些调节变量，比如心理资本、道德同一性等，进一步揭示这两者之间的关系，增强对青少年网络环境责任心效果变量的研究。

第三节　青少年网络环境责任心与亲社会行为：公正世界信念的调节作用

一、研究缘由

青少年网络环境责任心是由其价值观所决定的，家庭、社会和学校均要求青少年在网络环境中表现出积极的情绪状态，以促进身心健康、良好的发展。青少年的亲社会行为不仅关系着青少年个人的心理健康，更与网络环境纯净有密切关系。探讨青少年网络环境责任心与亲社会行为之间的关系，既具有理论意义又具有实践意义。当青少年不同的网络环境责任心对青少年的亲社会行为带来不同的影响时，改变青少年的网络环境责任心以增加青少年的亲社会行为也并不是唯一的出路，根据资源守恒理论的观点告诉我们，公正世界信念（Belief in a just world）或许可以成为调节网络环境责任心和亲社会行为之间关系的一个变量（张红艳，2020；Kong et al.，2021）。因为，大量研究表明，公正世界信念与个体的心理健康（Eunha, Hansol, 2018；Isabel, Maria, Maria, 2009；刘广增等，2020；宋友志等，2018；周春燕、郭永玉，2013）和社会行为（Robbie et al.，2017；Myoungsoon, Youngkee, 2020）有显著关系。

本研究试图探讨青少年网络环境责任心与亲社会行为，以及与青少年公正世界信念的关系，也会探讨公正世界信念在其他两者之间是否起调节作用。这为该领域的研究提供理论借鉴，也为青少年亲社会行为研究提供有益的参考。

二、理论介绍及假设提出

（一）网络环境责任心与亲社会行为

研究者对责任心的后果变量进行了大量的研究，认为责任心对组织和个人都会有积极和消极的影响，但重点都放在了对个人积极影响的研究，得到了相同的结论：责任心会直接或者间接地增强个体的成就动机，提高个体工作投入、学业成绩和身心健康的水平（李丹，2015；Kelly，2018；Trautwein，2015；Kaitlyn，2019；Gartland，2021；Kelly, Matthew，2017）。

近年来，随着积极心理学的兴起和对责任心、亲社会行为研究的深入，责任心与亲社会行为之间的关系研究已经得到部分学者的重视。吉优（2017）研究表明，初中生责任心能显著预测初中生的亲社会行为，初中生责任心在父亲参与教养与亲社会行为之间起中介作用。阳群（2018）研究表明，高中生社会责任心和亲社会行为倾向之间存在显著正相关。李娜娜（2018）研究认为，幼儿的家庭责任在情感投入与亲社会行为之间起到不完全中介作用，幼儿的团体责任在情感投入与亲社会行为之间起到不完全中介作用，幼儿的家庭责任在商讨计划与亲社会行为之间起完全中介作用。

鉴于前面的研究，本研究认为青少年网络环境责任心对亲社会行为影响是有可能的。试想，网络环境责任心比较高的青少年，即网络色情的抵制力、网络攻击的抑制力、网络诈骗的反制力、网络游戏控制力以及网络关系自制力比较强青少年，情绪抑制能力更强，行为也更加理性，会更遵从社会规范；大量研究表明，网络社会环境责任心比较高的青少年，即对社会主义核心价值观和传统文化认同度高的青少年，其行为更符合社会规范，表现出更多的亲社会行为（余林，2014；乔晓丽，2018）。根据以上分析，我们提出假设 H1。

H1：①青少年网络自我责任心与亲社会行为呈正相关；②青少年网络社会责任心与亲社会行为也呈正相关。

（二）公正世界信念、网络环境责任心与亲社会行为

近年来，公正世界信念被认为是与个体的心理健康和社会行为（Eunha, Hansol, 2018；刘广增等，2020；Myoungsoon, Youngkee, 2020）有显著关系的心理变量。公正世界信念最先是由 Lerner 先提出来的，指人们相信世界是公正的，个体得其所应得，所得即应得（Lerner，1978）。根据社会规范和积极心理学理论，这种世界公正的信念，可使个体相信他们所处的物理和社会环境是稳定有序的，从而有利于个体适应社会环境（杜建政、祝振兵，2007）。研究者表明，个体的公正世界信念与社会行为之间存在着显著的正相关关系。公正世界信念越强，则助人行为越多，助人意愿越高（姬旺华等，2014；张红艳，2020）；公正世界信念不仅可以直接预测亲社会行为，还能通过卷入程度和对陌生人的理解程度这两个中介变量间接预测亲社会行为（毕泽生，2019）；据此，我们形成假设 H2 和 H3。

H2：青少年公正世界信念与亲社会行为呈正相关。

那公正世界观念与网络环境责任心又有什么关系呢？张金勇（2019）以

贵州师范学院师范生为例，考察师范生公正世界信念与责任感现状及其关系，采用程岭红编制的青少年学生责任心问卷与苏志强等修订的公正世界信念量表对422名大学生进行施测，结果发现：师范大学生公正世界信念与责任感存在正相关，且一般公正世界信念能正向预测责任感。易梅等（2019）以852名大学生为被试，考察了公正世界信念与大学生社会责任感之间的关系，结果发现：公正世界信念可以显著正向预测大学生的社会责任感。黄四林（2016）的研究结果也表明社会流动信念在公正感对社会责任感影响过程中发挥着部分中介作用。这说明维护社会公正增强大学生公正感，可以通过树立社会流动信念来提升其社会责任感。从已有的研究结论来看，大学生世界公正信念与社会责任心应该是呈正相关的，那公正世界信念与网络自我责任心有什么关系呢？目前尚无直接研究，但间接的研究还是比较多。如郭成等（2019）对重庆市初一至高二年级的6442名学生进行问卷调查发现，青少年的公正世界信念也能显著预测其心理韧性，根据资源守恒理论，心理韧性可以使个体更好地处理网络环境中的问题，个体对网络环境中的色情、攻击和诈骗等能更理性地处理，有研究表明（李冬、马廷湖，2021），初中生公正世界信念与对待校园欺凌的情感成分和行为倾向呈显著正相关。

H3：①公正世界信念与网络自我责任心呈正相关；②公正世界信念与网络社会责任心呈正相关。

（三）公正世界信念的调节作用

在探讨网络环境责任心内部机制的时候，研究者（Najimi, Doustmohamadi, 2021；Katayoun, Tayebe, Mohammad, 2017；郭倩蓉，2017）引入了资源守恒理论，认为它可以解释责任心带来不同后果的原因。根据资源守恒理论，网络自我责任心和网络社会责任心都会消耗个体的心理资源。但是如果个体资源能够得到及时的物质及精神上的补充，或者是个体能够在消耗资源的时候获得来自自身内外资源的支持，就会减少责任心对个体的消极影响。公正世界信念正是对个体心理健康起到保护作用的资源（Scholz, Strelan, 2021；Otto, Schmidt, 2007）。网络自我责任心较网络社会责任心而言，需要更多的资源来"抑制"内心的真实情感，经常对自身要求更高、对自我约束更多的个体更容易产生学习倦怠（Karimi，Fallah，2019；朱晓红，1997），可能会降低学习自我效能感。但是，如果个体这时有较多的自我保护的资源，他的学业自我效能感就不会受到严重影响。

根据资源守恒理论，当个体面临着资源支出与收益的不平衡时，可以寻求来自于社会和个体自身资源的帮助来处理"困境"。Najimi（2021）和 Katayoun（2017）提出支持资源有社会支持、个体的价值观和角色认同。公正世界信念作为个体的一种积极的"个人特质"，是个体良好的一种支持资源，也可能会改变网络环境责任心策略带来的结果。因此，本研究假设公正世界信念在网络环境责任心策略与亲社会行为这两者的关系中起到调节作用，但是根据不同的网络环境责任心策略，调节作用可能是不一样的。首先，当青少年公正世界信念较高时，这些资源会减弱由于网络自我责任心带来的消极后果，网络自我责任心对亲社会行为的不良影响可能会减弱。其次，青少年履行网络社会责任心行为本就会获得心理资源和更多的积极情绪体验，在这种情况下青少年还有较高的公正世界信念的话，他们相当于拥有更多额外的资源来帮助他人，表现出更多的亲社会行为。于是，本研究提出假设 H4。

H4：①公正世界信念在网络自我责任心与亲社会行为的负相关中起调节作用，尤其是当公正世界信念较高时，这种负相关会减弱。②公正世界信念在网络社会责任心与亲社会行为的正相关中起调节作用，尤其是当公正世界信念较高时，这种正相关会增强。

三、研究方法

（一）样本介绍

共发放问卷 580 份，回收问卷 566 份，有效问卷 535 份，占回收问卷的 94%。其中，男生 284 人，女生 251 人；初中生 156 人，高中生 117 人，大学生 262 人。

(二) 研究工具

(1) 自编的青少年网络环境责任心问卷。本研究中,问卷的验证性因素分析的各项指数为$\chi/df = 4.37$,$GFI = 0.94$,$CFI = 0.93$,$RMSEA = 0.072$,各拟合指数均可接受,说明原量表的结构是可以接受的。用本研究收集的数据进行分析显示,总问卷的Cronbach's Alpha系数为0.89,且各维度内部一致性系数较好:网络自我责任心(0.85),网络社会责任心(0.88)。

(2) 亲社会行为问卷,采用寇彧(2007)修订的由Carlo(2002)编制的亲社会倾向测量问卷(Prosocial Tendency Measurement,PTM)问卷。该量表包括6个维度:匿名性、依从性、公开性、利他性、紧急性、情绪性,共26个题目,采用Liket5点计分。1—5分别代表从"完全不符合"到"完全符合",部分题项反向计分后,得分越高,表示的个体亲社会行为越高。本研究中,问卷的验证性因素分析的各项指数为$\chi/df = 3.67$,$GFI = 0.96$,$CFI = 0.95$,$RMSEA = 0.066$,量表的拟合指数良好。用本研究收集的数据进行分析,Cronbach's Alpha系数为0.92。

(3) 公正世界信念问卷。问卷由卢正正(2020)编制。该量表包括4个维度:现在分配、现在程序、未来分配、未来程序,共17个项目。采用Liket5点计分。1—5分别代表从"完全不符合"到"完全符合",部分题项反向计分后,得分越高,表示的公正世界信念越高。本研究中,问卷的验证性因素分析的各项指数为$\chi/df = 3.78$,$GFI = 0.95$,$CFI = 0.97$,$RMSEA = 0.051$,量表的拟合指数良好。用本研究收集的数据进行分析,Cronbach's Alpha系数为0.86。

四、研究结果

(一) 主要变量间的相关

本节主要涉及的变量有青少年网络环境责任心(网络自我责任心和网络社会责任心两个维度)、公正世界信念和教师的亲社会行为,各变量的关系见表5.7。

表 5.7 各主要变量的相关关系（n=535）

变量	M	SD	α	1	2	3	4
1. 网络自我责任	4.021	0.406	0.851	1.000			
2. 网络社会责任	4.546	0.375	0.884	0.332**	1.000		
3. 公正世界信念	3.890	0.587	0.856	0.305**	0.385**	1.000	
4. 亲社会行为	4.008	0.626	0.917	0.277**	0.433**	0.639**	1.000

青少年网络环境责任心、公正世界信念和亲社会行为问卷均采用5点计分方式（1分最低，3分中等，5分最高）。从表5.7可以看到，除公正世界信念外，青少年网络自我责任、网络社会责任和亲社会行为平均分都在4分以上，公正世界信念也高于3.5，说明青少年较多地履行社会责任心，亲社会行为和公正世界信念处于中等偏上的水平。

由表5.7可知，青少年网络社会责任心与公正世界信念和亲社会行为具有显著正相关，而网络自我责任心与亲社会行为总分的负相关不显著。另外，也显示各主要变量间的相关度不高，这恰巧可以避免变量间的多重共线性，有利于后续变量间的调节效应的回归分析（温忠麟等，2005；吴明隆，2010）。

（二）公正世界信念的调节作用

采用层次回归的方法检验公正世界信念在网络环境责任心与亲社会行为之间的调节作用。在统计分析过程中，为避免多重共线性，需对变量做中心化处理（温忠麟等，2005）。先将人口学变量作为控制变量首先进入方程，然后是自变量（网络环境责任心）和调节变量（公正世界信念），最后进入回归方程的是自变量和调节变量的交互项（因变量是亲社会行为）。结果见表5.8。

表 5.8 公正世界信念在网络环境责任心和亲社会行为之间的调节作用

自变量	亲社会行为（因变量）		
	M1（β）	M2（β）	M3（β）
学段	0.090**	0.061*	0.063*
专业	0.095***	0.069**	0.068**
网络自我		0.083***	0.103***
公正世界信念		0.612***	0.643***

（续表）

自变量	亲社会行为（因变量）		
	M1（β）	M2（β）	M3（β）
网络自我×公正世界信念			0.053*
R^2	0.011	0.147	0.159
△R^2	0.011**	0.136***	0.012**
F	5.743	42.324	7.663
学段	0.090**	0.068**	0.066**
专业	0.095***	0.070**	0.068**
网络社会		0.217***	0.209***
公正世界信念		0.553***	0.490***
网络自我×公正世界信念			0.042
R^2	0.010	0.455	0.464
△R^2	0.010**	0.445***	0.009**
F	2.744	216.129	1.858

回归分析结果显示，在控制了人口学变量之后，不同的网络环境责任心对青少年的亲社会行为都有显著预测作用，并且公正世界信念对亲社会行为也有显著预测作用。但是公正世界信念只在网络自我责任心与亲社会行为之间起调节作用（β=0.053，$p<0.05$），在网络社会责任心与亲社会行为之间的调节作用不显著。

为了更加清晰地分析公正世界信念的调节作用趋势，我们将公正世界信念分为高分（平均数以上1个标准差）和低分（平均数以下1个标准差）两个水平组，分别做出公正世界信念在网络自我责任心与亲社会行为之间的调节作用示意图，见图5.6。

从图5.6可以明显地看出，当青少年网络自我责任心得分越高时，教师的亲社会行为得分越低，但是相比于拥有低公正世界信念的青少年，拥有高公正世界信念的青少年的亲社会行为明显减弱。这一结果表明，公正世界信念使得网络自我责任心与亲社会行为之间的负相关减弱。

与先前研究一致，青少年网络社会责任心和网络自我责任心都处于中等偏上的水平，青少年网络社会责任心高于网络自我责任心，这说明从总体上我国

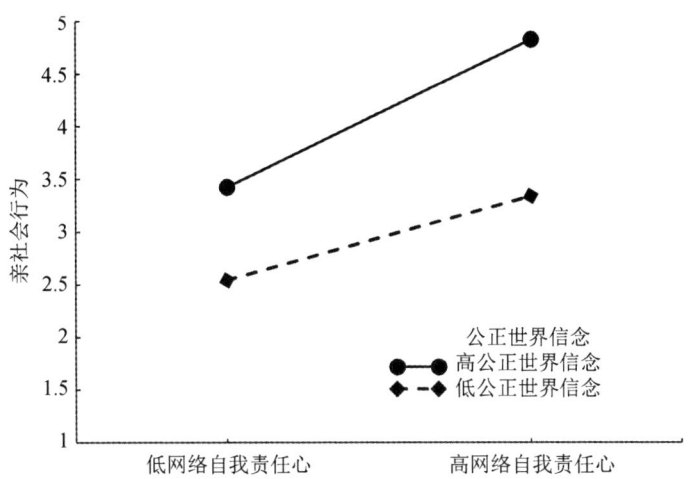

图 5.6 公正世界信念对网络自我责任心与亲社会行为关系的调节作用

青少年网络责任心呈现出积极发展趋势（刘勇、谭小宏，2008；冉汇真、刘宗发，2012）。这可能因为：(1) 在各级各类学校教育中，一方面重视对学生网络素养教育，积极引导青少年学生抵制网络低俗、网络诈骗、网络攻击、网络黑客、网络反动信息等的主动意识与能力；另一方面，重视对青少年社会主义核心价值观和中华优秀传统优秀传统文化的引领，培育青少年学生的民族自豪感和文化自信有关。(2) 社会主义核心价值观和中华优秀传统文化已经成为我国积极的、主流的正能量文化，青少年在家庭社会生活环境中长期受到这种积极正能量文化影响所致。此外，本研究也证实了青少年的公正世界信念和亲社会行为在总体上是处于中等偏上水平的（卢正正，2020；方凤，2020）。这可能是因为，青少年正处于道德意识的高度发展阶段，个人在自我意识的许多方面都取得了高度发展，诸如自我观察、评价、体验、监督和控制，并趋于成熟，对世界的公正性做出积极判断，认为世界对自己而言是公正的，对社会有更积极的评价，因而出现更多的助人行为。

正如我们的假设，网络自我责任心和网络社会责任心与亲社会行为呈显著正相关，这表明即使网络责任心消耗了大量的心理资源，但是给青少年带来高的自我价值感和积极情感体验，从而使个体内部资源得到补偿，青少年体验到更高的亲社会行为。由于本研究是首次探讨网络环境责任心与青少年亲社会行为之间关系，不能和前人的研究进行比较，但我们可以从责任心与亲社会行为相关的研究中得到验证。如吉优（2017）认为初中生责任心与亲社会行为呈显著正相关，阳群（阳群，2018）认为高中生社会责任心和亲社会行为倾向之间存在显著正相关。

正如研究假设，公正世界信念与亲社会行为呈显著正相关，网络自我责任心和网络社会责任心与公正世界信念也呈正相关。对于假设 H2，Eunha（2018）等（Eunha，Hansol，2018；刘广增等，2020；Myoungsoon，Youngkee，2020）的研究表明，公正世界信念通过心理健康能量补充和动机激发双过程促进个体亲社会行为，也印证了我们的假设。在现有文献中，虽然没有青少年网络环境责任心与公正世界信念呈正相关的直接证据，但间接地研究还是比较多，如易梅（2019）、黄四林（2016）均通过实证调查得出大学生社会责任感对公正世界信念有显著的正向预测作用的结论；至于网络自我责任心与公正世界信念具有显著正相关，可以通过公正世界信念与心理韧性（郭成等，2019）和对待网络欺凌（李冬、马廷湖，2021）显著正相关等研究结论中得到一些验证。本研究认为，个体越是能抵制来自网络场景中的诱惑，更好地履行社会道德义务，个体的自我价值感和社会归属感就会越高，根据资源守恒理论，个体的这种自我价值感和社会归属感就会增加个体积极的心理资源，这种积极的心理资源会使个体愈加相信自身所处的环境稳定有序，个体的公正世界信念就会得到不断的积累。

公正世界信念作为一种能够通过培养不断发展的"类特质"，是个体积极应对生活中各种事件的保障，能够补偿个体在其他活动中消耗的自身资源。本研究中，青少年会因为网络环境责任心而消耗自身的能量，但根据资源守恒理论，青少年也会积极寻求来自内外的各种资源补偿，从而使青少年获得消耗与补充的平衡，以此避免消极的后果，获得积极的持续的工作能量。

本研究共做了三个层次回归方程来验证假设 H4。其中公正世界信念对网络社会责任心与亲社会行为关系的调节没有达到显著程度，而对网络自我责任心与亲社会行为之间关系的调节是显著的，因此假设 H4 得到部分验证。公正世界信念不能够调节网络社会责任心与亲社会行为之间的关系可能是因为网络社会责任心与亲社会行为的相关比较高，并且网络社会责任心已经能很好预测青少年的亲社会行为之间的关系，而公正世界信念贡献比较少。这带给我们的启示是，青少年网络社会责任心比较高，他们的亲社会行为也可能不会很低。但是想要寻求高的亲社会行为，不仅要提高青少年网络自我责任心，还必须培养他们较高的公正世界信念。因为本研究表明，高公正世界信念的青少年在同样网络自我责任心的情况下拥有更高的亲社会行为。这也是符合资源守恒理论的，尽管网络自我责任心消耗了个体资源，但其带来的较高自我价值感，以及在此期间增强的公正世界信念会反过来补偿这种损耗，甚至还会增加自我的积极力量，表现在亲社会行为上的增强。

本研究是首次考察这三者之间关系的研究，所以只能找一些间接以公正世界信念作为调节变量的研究进行相互验证。Otto 等（2007）研究表明，公正世界信念的在一定程度上调节工作压力源与心理性适应的负相关关系。Scholz 等（2020）的研究表明，公正世界信念可以显著调节自我控制与心理韧性之间的正相关。陆寒（2017）研究表明，公正世界信念对道德推脱与助人意愿的关系起着调节作用，高个人公正世界信念可弱化道德推脱与助人意愿的关系；高一般公正世界信念则强化道德推脱与助人意愿的关系。由此可见，公正世界信念已经成为了个体适应社会生活的重要资源之一。

本研究第一次探讨了青少年网络环境责任心策略、公正世界信念与亲社会行为的关系，验证了资源守恒理论。来自自身的积极的力量可以成为个体保护自己的资源，不管是个人生活和社会生活中，同时也验证了 Najimi（2021）和 Katayoun（2017）关于不同的网络环境责任心会引起不同结果的假设。归纳起来，即网络自我责任心与个体的积极的结果有关。研究也证实了网络环境责任心不仅能够给组织带来积极的结果，也可以促使个体产生积极的改变，关键是个体采用哪一种责任心策略。

在实践方面，本研究为提升青少年的亲社会行为给出了有益的借鉴，为教师增强学生的亲社会行为提供了更广阔的思路。首先，对于学校而言，要制定公正世界信念的培养计划，提高青少年公正世界信念，这样青少年可以有更多的亲社会行为。其次，对于青少年学生而言，他们要表现出更多的助人行为，当遇到网络中的负性事件，会从网络社会责任心而不是网络自我责任心角度进行应对，这不但会积累自身的公正世界信念，还会增强亲社会行为。

但是本研究还是存在一些不足：第一，只是实施了一次横断的测量，对于这三者的动态发展不能够有很好的解释，以后可以进行追踪研究设计，以期更好地解释、预测教师公正世界信念和亲社会行为的关系。第二，本研究的研究结果的适用性，本研究结果是在立德树人背景下得出的，在应用研究结果时需谨慎。

后续的研究还可以从以下方面进行：（1）展开更多的实证研究，如在西方文化背景下进行研究，验证此研究得出的结论，以检验研究结果的跨文化一致性。（2）公正世界信念的不同维度对这两者之间的调节作用是否相同。（3）进行干预研究，教育引导青少年具备较高的网络环境责任心，利用各种方式增强自身的公正世界信念进而维持高水平的亲社会行为。（4）根据资源守恒理论，探讨除了公正世界信念这一个体资源以外，来自外部的其他资源是不是也能够调节网络环境责任心策略与亲社会行为之间的关系。

我们的研究发现促进了研究者对青少年的网络环境责任心、公正世界信念和亲社会行为之间关系的理解，以及对公正世界信念成为其他两者之间关系的调节变量的理解。进一步讲，我们研究了这三者之间的关系，为资源守恒理论提供了实证的支持，为提高青少年的亲社会行为做出了有益的探索。具体讲，研究结果显示：整体上，青少年在网络环境中较多履行网络社会责任心，青少年的亲社会行为和公正世界信念处于中等偏上的水平，网络社会责任心与青少年的亲社会行为呈显著正相关；公正世界信念与青少年亲社会行为呈显著正相关；网络自我责任心与公正世界信念呈显著正相关，网络社会责任心与公正世界信念呈显著正相关。公正世界信念对网络社会责任心与青少年亲社会行为关系的调节作用显著。

附 录

附录1

青少年网络环境责任心调查问卷（专家问卷）

尊敬的　　　老师：您好

　　我是长江师范学院教师教育学院的赵兴奎，正准备以青少年网络环境责任心结构及发展特点作为研究的内容。为探讨青少年网络环境责任心结构，编制青少年网络环境责任心量表，拟对青少年网络环境责任心结构进行分析和界定。下表列举了青少年网络环境责任心结构中的各个成分，请你拨冗阅读表中的内容，并根据你对青少年网络环境责任心的理解，在每个项目前的空格中用"√"表示同意，用"×"表示不同意。如果您有其他建议或认为必要的成分在表中没有列出，请您写在后面的"其他"中。另对你的支持和帮助表示万分感谢！

赵兴奎　敬上

2020年8月15日

青少年网络环境责任心成分

成分		涵义	意见
自我网络环境责任心	网络色情的抵制力	是指个体对网络淫秽、色情内容的自觉回避和抵制的责任意识。	
	网络欺负的抑制力	是指个体具有主动抑制辱骂、威胁、泄露他人隐私等恶意中伤他人的网络行为。	
	网络诈骗的反制力	是指个体具有反制网络诈骗行为的主动意识和能力。	
	网络游戏的控制力	是指个体具有调控自身网络游戏的自觉态度和理性行为。	
	网络关系的认知力	是指个体在网络人际交往中对自我社会角色的准确认知和恰当表达的能力。	
	网络依赖自制力	是指个体合理安排上网时间,克服盲目上网的自觉行为。	
	网络成瘾自控力	是指个体克服网络病理性过度使用的自觉态度和行为。	
社会网络环境责任心	社会主义核心价值观认同力	是指个体对社会主义核心价值体系基本内容的认同。	
	中华传统正能量文化认同力	是指个体对中华民族优秀传统文化认同、尊重、弘扬的自觉态度。	

其他建议_____

_____

附录2

YZER 调查问卷

亲爱的同学:

您好!欢迎您参加人文社会科学的一项研究。本研究的目的在于了解当代青少年的发展状况，请您根据自己的真实想法，将每个问题后面的选项填写完整。您的答案对我们很重要。此次调查不记名，只用于科学研究，对于您的作答我们将严格保密。

最后，衷心感谢您对我们工作的支持和合作！

"立德树人背景下青少年网络环境责任心研究"课题组

学校：　　　　班级：　　　　性别：　　　　家庭住址：城市、农村

家庭收入：（1）2万元以上/月　（2）约1—2万元/月　（3）约5千—1万元/月　（4）约2千—5千元/月　（5）2千元/月以下。

父母职业：　　　　是否独生子女：　　　　是否单亲：

1. 我认为在网络交往中应该：

　　A.＿＿＿＿＿＿＿＿＿＿＿＿＿　　B.＿＿＿＿＿＿＿＿＿＿＿＿＿

　　C.＿＿＿＿＿＿＿＿＿＿＿＿＿　　D.＿＿＿＿＿＿＿＿＿＿＿＿＿

2. 我自己对网络游戏的基本要求是：

　　A.＿＿＿＿＿＿＿＿＿＿＿＿＿　　B.＿＿＿＿＿＿＿＿＿＿＿＿＿

　　C.＿＿＿＿＿＿＿＿＿＿＿＿＿　　D.＿＿＿＿＿＿＿＿＿＿＿＿＿

3. 我认为自己在面对网上低俗、淫秽、色情等内容时应该：

　　A.＿＿＿＿＿＿＿＿＿＿＿＿＿　　B.＿＿＿＿＿＿＿＿＿＿＿＿＿

　　C.＿＿＿＿＿＿＿＿＿＿＿＿＿　　D.＿＿＿＿＿＿＿＿＿＿＿＿＿

4. 我认为自己在面对网络诈骗时应该：

　　A.＿＿＿＿＿＿＿＿＿＿＿＿＿　　B.＿＿＿＿＿＿＿＿＿＿＿＿＿

　　C.＿＿＿＿＿＿＿＿＿＿＿＿＿　　D.＿＿＿＿＿＿＿＿＿＿＿＿＿

5. 我想对我对网络攻击他人行为的态度是：

　　A.＿＿＿＿＿＿＿＿＿＿＿＿＿　　B.＿＿＿＿＿＿＿＿＿＿＿＿＿

　　C.＿＿＿＿＿＿＿＿＿＿＿＿＿　　D.＿＿＿＿＿＿＿＿＿＿＿＿＿

6. 我对网络行为中个别人妄议国家政策的态度是：

　　A.＿＿＿＿＿＿＿＿＿＿＿＿＿　　B.＿＿＿＿＿＿＿＿＿＿＿＿＿

C. _____ D. _____

7. 我想对我的网友说：

A. _____ B. _____

C. _____ D. _____

8. 我对网络科技发展的态度是：

A. _____ B. _____

C. _____ D. _____

9. 奥运会上，当中国国旗升起、国歌唱奏响时，我心里感到：

A. _____ B. _____

C. _____ D. _____

10. 我想对网上说谎行为的态度是：

A. _____ B. _____

C. _____ D. _____

11. 对于行为中有些人诋毁民族英雄的行为，我感到：

A. _____ B. _____

C. _____ D. _____

12. 我对网上"崇洋媚外"言行的态度是：

A. _____ B. _____

C. _____ D. _____

13. 我对履行网络环境责任心的理解是：_____

_____

14. 我想对现在的网络行为提几点建议：_____

_____

附录 3

青少年网络环境责任心结构的理论构想及成分细化

Ⅰ. 网络自我责任心维度

1. 网络色情的抵制力：是指个体对网络淫秽、色情内容的自觉回避和抵制的责任意识。

①**工具性色情抵制**：指个体在网上主动抑制浏览、下载和观看与性有关内容的行为。

②**反应性色情抵制**：指个体受到色情内容诱惑后所产生的心理抵制能力。

2. 网络攻击的抑制力：是指个体具有主动抑制辱骂、威胁、泄露他人隐私等恶意中伤他人的网络行为。

①**工具性攻击抑制**：在网络行为中没有受到他人冒犯，为了获得自己想要的结果时对他人进行攻击的抑制能力。

②**反应性攻击抑制**：在网络行为中因生气，受到伤害或感到威胁时对他人进行的攻击的抑制能力。

3. 网络诈骗的反制力：是指个体具有反制网络诈骗行为的主动意识和能力。

①**工具性诈骗反制**：是指个体在网络行为中没有受到他人诈骗时所具有的主动防骗意识。

②**反应性诈骗反制**：是指个体面对网络诈骗时所运用的反制手段和行为方式。

4. 网络游戏的控制力：是指个体具有调控自身网络游戏的自觉态度和理性行为。

①**工具性游戏控制**：是指个体在没有受到网络游戏诱惑时，所具有的控制自身网络游戏上瘾的主动意识。

②**反应性游戏控制**：是指个体在面对网络游戏诱惑时所具有的克制能力和理性行为。

5. 网络关系的自控力：是指个体在网络人际交往中对自我社会角色的准确认知和恰当表达的能力。

①**工具性关系自控**：是指个体对自身网络社会交往角色的道德认知能力和判断能力。

②**反应性关系自控**：是指个体对网络人际关系所造成的心理障碍如自我迷失、情绪失控、意识模糊等的自我控制能力。

Ⅱ. 网络社会环境责任心维度

1. 社会主义核心价值观认同力：是指个体对社会主义核心价值体系基本内容的认同。

①**政治价值观**：是指马克思主义指导思想为内容的价值观，具体包括毛泽东思想、邓小平理论、三个代表重要思想、科学发展观以及习近平新时代中国特色社会主义思想的主要内容。

②**社会价值观**：是指中国特色社会主义共同理想为内容的价值观。主要包括政治民主、国家富强、社会和谐和精神文明。

③**发展价值观**：以改革创新为内容的价值观，主要包括改革开放、开拓创新、与时俱进等社会主义核心价值观所倡导的发展方式。

④**国家价值观**：是指以爱国主义为核心的民族精神，主要包括爱国主义、团结统一、民族振兴等民族精神类的价值取向。

⑤**荣辱观**：是指社会主义荣辱观，主要包括诚实守信、团结互助、艰苦奋斗等社会主义核心价值观所倡导的价值取向。

2. 中华优秀传统文化认同力：是指个体对中华民族优秀传统文化认同、尊重、弘扬的自觉态度。包括对中华民族文化、思想文化和文史文化的认同3个方面。

①**文史文化**：是指个体对中华历史文化的认同。包括人文景观、民族语文、古典艺术、古代科学、图腾象征和历史制度的认同。

②**思想文化**：是指个体对中华智慧、思想和道德风尚等的认同。包括道德

风尚、文学著作和思想智慧的认同。

③**民族文化**：是指个体对民族民间文化的认同。包括风俗习惯、传统佳节、特色食品、民族服饰和典型物品的认同。

附录4

青少年网络环境责任心原始问卷的题项分布

- **引导题**
1. 我觉得心理测量很有意思。
2. 我很清楚测试指导语的内容。
3. 我能真实地回答测验中的每一个问题。

- **网络自我责任**

一、网络色情抵制力

（一）工具性抵制

1. 在网上，我下载/看过色情图片。
2. 在网上，我会下载/看过色情小说。
3. 在网上，我对色情内容特别感兴趣。
4. 在网上，我会下载/看过色情电影。
5. 在网上，我会进入色情网站。

（二）反应性抵制

1. 网上的色情内容可以令我的心情舒畅。
2. 没有色情内容的网络，我的生活毫无兴趣可言。
3. 不上网的时候，我有时回想网上的色情内容。
4. 不上网的时候，我会幻想和上网有关的色情内容。

二、网络攻击抑制力

（一）工具性攻击抑制

1. 我在网络上和其他朋友说某人的坏话。

2. 我在网络上故意泄露他人的私密信息。

3. 我喜欢在网上攻击别人。

4. 我在网络上散布过关于某个人或组织的谣言。

5. 我对网上的恶作剧特别感兴趣。

(二) 反应性攻击抑制

1. 不上网的时候我总想打人。

2. 我在某人的个人空间或者博客上对这其进行辱骂或人身攻击。

3. 我在某人的个人空间或者博客上对其进行威胁和恐吓。

4. . 我不能控制自己网上攻击的行动。

三、网络诈骗的反制力

(一) 工具性诈骗反制

1. 上网中,我不会点击来历不明的网络链接。

2. 上网中,我偶尔会将自己的身份信息泄露给陌生人。

3. 上网中,我容易受别人思想影响。

4. 我对网络中的免费赠品很感兴趣。

(二) 反应性诈骗反制

1. 我不相信网络世界中有"天上掉馅饼"的事情。

2. 我认为网络环境中不太可能发生欺诈行为。

3. 我只选择信誉良好的公司所开设的网站购物。

4. 网络技术的发达很吸引我,我认为网上不存在欺诈行为。

四、网络游戏控制力

(一) 工具性游戏控制

1. 在网上看到有关游戏广告我会毫不犹豫的点击。

2. 我感到玩互动式的游戏非常刺激。

3. 在玩网络游戏时我会忘乎所以。

4. 玩游戏的时间总是太少,满足不了我的要求。

5. 我玩游戏比做其他的事情要用心的多。

(二) 反应性游戏控制

1. 我玩了网络游戏后我感到特别有成就感。

2. 我的课余时间基本上是花在玩游戏上。

3. 我花了太多的时间玩游戏,以致于影响了自己的学习。

4. 我常常因为专心于玩游戏而忽视了身边的许多事。

五、网络角色关系的自制力

(一) 工具性关系自制

1. 上网中,我总是忘掉我自己的角色和身份。

2. 上网中,我喜欢隐藏自己的角色和身份。

3. 我认为在网络行为中不应受社会道德的约束。

4. 我喜欢聊天室,因为评论的内容可以立刻公布出来使每个人都看到。

5. 在网络生活中我可以无拘无束地进行人际交往。

(二) 反应性关系自制

1. 我对自己在网络人际交往中装扮的角色特别满意。

2. 我常常在网络行为中隐藏自己的真实身份。

3. 我常常在网络行为中失去自我。

4. 虽然上网对我的日常人际关系造成负面影响,但仍未减少上网。

5. 在网络行为中我常常模糊表达我内心的情感需求。

·网络社会责任

一、社会主义核心价值观认同力

(一) 政治价值观

1. 我会及时学习党中央提出的新理论。

2. 我的思想和行为总是与党中央保持一致。

3. 我认为每个中国人随时随刻应与党中央保持一致。

4. 我认为我们党应该代表中国先进文化发展的方向。

5. 我认为我们党应该代表中国最广大人民的根本利益。

(二) 社会价值观

1. 我认为和谐的人际关系在和谐社会中占有重要意义。

2. 我愿意和身边的人友好相处。

3. 在人际交往中我一直考虑别人的感受。

4. 我认为人际交往中应有更多的正能量。

5. 我认为在社会交往中应该多考虑别人的想法。

（三）发展价值观

1. 我很愿意去创新，因为创新很有意思。

2. 我喜欢用新方法解决我所遇到的问题。

3. 我非常愿意了解那些促进时代进步发展的新科技。

4. 我认为我能做到与时俱进。

5. 我们的思想行为应该与时代同步。

（四）国家价值观

1. 我认为民族振兴是每个人的责任。

2. 我认为"有国才有家"。

3. 我坚信中华民族会日益昌盛。

4. 我对国旗遭到他人践踏的事情无动于衷（反向）。

5. 奥运会上，当中国国旗升起、国歌奏响时，我没什么感觉（反向）。

（五）荣辱观

1. 诚信是一种可贵的品质。

2. 勤俭持家是一种美德。

3. 我讨厌说谎的人。

4. 如果我有钱就不会辛勤劳动了（反向）。

5. 勤俭节约这种提法已经过时了（反向）。

二、中华民族优秀传统文化认同力

（一）文史文化

1. 我为中国古代"四大发明"感到自豪。

2. 中国古代修建的万里长城没有任何价值。

3. 我认为中国人民是勤劳而勇敢的。

4. 大运河是古代劳动人民勤劳智慧的结晶。

5. 我为中华民族拥有5000年文明史而自豪。

（二）民族文化

1. 中国人应该多过中国人的节日，少过洋节日。

2. 我经常忘记过端午节（反向）。

3. 我很期待春节全家团圆的日子。

4. 我很理解元宵节的含义

5. 我对清明节间有人载歌载舞无动于衷。

(三) 思想文化

1. 我会为抗金英雄岳飞的爱国精神所感动。

2. 我认为每个人都应该学好中国的传统文化。

3. 我很赞赏关公的忠义。

4. 每个人都应该孝敬父母。

5. 每个人都应该热爱自己的祖国。

- **测谎题**

我从没有损坏或遗失过别人的东西。

我从来没有失约过。

有时我真想骂人。

附录5

YNER（预测问卷）

亲爱的同学：

您好！

  我们是心理学研究科研人员，想通过这份无记名的问卷调查当代青少年的心理状况，您的真实想法和实际情况将为我们的研究提供很大的帮助；同时，也为我们进一步做好青少年的教育工作提供可靠的资料。请您务必先填好个人资料，看清问题说明，然后再作答，每道题都要回答。答案没有对错和好坏之分。请你平时是怎么想的，就怎么回答，不要过多地考虑，想好了就回答。无记名加上我们的绝对保密，任何人都无法知道这是谁的答卷，请您不要有任何顾虑。

谢谢您的合作!

【个人资料】

1. 您的性别是:

A. 男　　　　　B. 女

2. 您的学段是:

A. 初中　　　　B. 高中　　　　C. 大学

3. 您是否有留守儿童成长经历:

A. 是　　　　　B. 否

4. 您是否为独生子女:

A. 是　　　　　B. 否

5. 您的家庭状况是:

A. 双亲家庭　　　　　　　B. 单亲家庭

C. 离异重组双亲家庭　　　D. 其他

6. 您的家庭居住地是:

A. 城市　　　　B. 乡镇　　　　C. 农村

7. 您的民族是:

A. 汉族　　　　B. 蒙古族　　　C. 藏族　　　　D. 壮族

E. 回族　　　　F. 维吾尔族　　G. 苗族　　　　H. 土家族

I. 其他少数民族

8. 您的学校层次是:

A. 专科　　　　B. 本科　　　　C. 重点本科

9. 您的专业是:

A. 文科　　　　B. 理工科　　　C. 艺体

10. 您的年级是:

A. 一年级　　　B. 二年级　　　C. 三年级　　　D. 四年级

【问卷说明】

- 1. 请你仔细阅读问卷的每一句话，然后根据这句话与你自己符合的程度，在相应的方框里划"√"。
- 2. 除非你认为其他 4 个选项都不符合你的真实想法，否则请尽量不要选择那些"不确定"的选项。
- 3. 回答每一个问题时，不要有遗漏；每题只作一种选择，不要多选；不必费时思考，看懂后即选择。

题　项	很不符合	不太符合	不确定	比较符合	完全符合
1. 我觉得心理测量很有意思。					
2. 我能真实地回答测验中的每一个问题。					
3. 我很清楚测试指导语的内容。					
4. 在网上，我下载/看过色情图片。					
5. 网上的色情内容可以令我的心情舒畅。					
6. 在网上，我对色情内容特别感兴趣。					
7. 在网上，我会下载/看过色情电影。					
8. 在网上，我会进入色情网站。					
9. 在网上，我会下载/看过色情小说。					
10. 没有色情内容的网络，我的生活毫无兴趣可言。					
11. 不上网的时候，我有时回想网上的色情内容。					
12. 不上网的时候，我会幻想和网上有关的色情内容。					
13. 我从没有损坏或遗失过别人的东西。					
14. 我在网络上和其他朋友说某人的坏话。					
15. 我在网络上故意泄露他人的私密信息。					
16. 我喜欢在网上攻击别人。					
17. 我在网络上散布过关于某个人或组织的谣言。					
18. 我对网上的恶作剧特别感兴趣。					
19. 不上网的时候我总想打人。					

(续表)

题 项	很不符合	不太符合	不确定	比较符合	完全符合
20. 我在某人的个人空间或者博客上对其进行辱骂或人身攻击。					
21. 我在某人的个人空间或者博客上对其进行威胁和恐吓。					
22. 我不能控制自己网上攻击的行动。					
23. 我不相信网络世界中有"天上掉馅饼"的事情。					
24. 上网中,我不会点击来历不明的网络链接。					
25. 上网中,我偶尔会将自己的身份信息泄露给陌生人。					
26. 我认为网络环境中不太可能发生欺诈行为。					
27. 我只选择信誉良好的公司所开设的网站购物。					
28. 上网中,我容易受别人思想影响。					
29. 我对网络中的免费赠品很感兴趣。					
30. 网络技术的发达很吸引我,我认为网上不存在欺诈行为。					
31. 我从来没有失败过。					
32. 我玩游戏比做其他的事情要用心得多。					
33. 我玩了网络游戏后我感到特别有成就感。					
34. 我的课余时间基本上是花在玩游戏上。					
35. 游戏的时间总是太少,满足不了我的要求。					
36. 我花了太多的时间玩游戏,以致于影响了自己的学习。					
37. 我常常因为专心于玩游戏而忽视了身边的许多事。					
38. 在网上看到有关游戏广告我会毫不犹豫的点击。					

(续表)

题 项	很不符合	不太符合	不确定	比较符合	完全符合
39. 我感到玩互动式的网络游戏非常刺激。					
40. 我对自己在网络人际交往中装扮的角色特别满意。					
41. 我常常在网络行为中隐藏自己的真实身份。					
42. 上网中,我总是忘掉我自己的角色和身份。					
43. 上网中,我喜欢隐藏自己的角色和身份。					
44. 我认为在网络行为中不应受社会道德的约束。					
45. 在网络生活中我可以无拘无束地进行人际交往。					
46. 我常常在网络行为中失去自我。					
47. 在玩网络游戏时我会忘乎所以。					
48. 在网络行为中我常常模糊表达我内心的情感需求。					
49. 我喜欢聊天室,因为评论的内容可以立刻公布出来使每个人都看到。					
50. 虽然上网对我的日常人际关系造成负面影响,但仍未减少上网。					
51. 我的思想和行为总是与党中央保持一致。					
52. 我会及时学习党中央提出的新理论。					
53. 我认为每个中国人随时随刻应与党中央保持一致。					
54. 我认为我们党应该代表中国先进文化发展的方向。					
55. 我认为我们党应该代表中国最广大人民的根本利益。					
56. 我认为和谐的人际关系在和谐社会中占有重要意义。					

（续表）

题　　项	很不符合	不太符合	不确定	比较符合	完全符合
57. 我愿意和身边的人友好相处。					
58. 在人际交往中我一直考虑别人的感受。					
59. 我认为人际交往中应有更多的正能量。					
60. 有时我真想骂人。					
61. 我认为在社会交往中应该多考虑别人的想法。					
62. 我很愿意去创新，因为创新很有意思。					
63. 我喜欢用新方法解决我所遇到的问题。					
64. 我非常愿意了解那些促进时代进步发展的新科技。					
65. **我认为我能做到与时俱进。**					
66. 我们的思想行为应该与时代同步。					
67. 我认为民族振兴是每个人的责任。					
68. **我认为"有国才有家"。**					
69. 我坚信中华民族会日益昌盛。					
70. 我对国旗遭到他人践踏的事情无动于衷。					
71. 奥运会上，当中国国旗升起、国歌奏响时，我没什么感觉。					
72. 诚信是一种可贵的品质。					
73. **勤俭持家是一种美德。**					
74. 我讨厌说谎的人。					
75. 如果我有钱就不会辛勤劳动了。					
76. 勤俭节约这种提法已经过时了。					
77. 我为中国古代"四大发明"自豪。					
78. 中国古代修建的万里长城没有任何价值。					
79. **我认为中国人民是勤劳而勇敢的。**					
80. 大运河是古代劳动人民勤劳智慧的结晶。					

(续表)

题 项	很不符合	不太符合	不确定	比较符合	完全符合
81. 我为中华民族拥有5000年文明史而自豪。					
82. 中国人应该多过中国人的节日,少过洋节日。					
83. 我经常忘记过端午节。					
84. 我很期待春节全家团圆的日子。					
85. **我很理解元宵节的含义。**					
86. 我对清明节间有人载歌载舞无动于衷。					
87. 我会为抗金英雄岳飞的爱国精神所感动。					
88. 我认为每个人都应该学好中国的传统文化。					
89. 我很赞赏关公的忠义。					
90. 每个人都应该孝敬父母。					
91. 每个人都应该热爱自己的祖国。					

(完。谢谢您的合作!)

附录6

YNER(初测问卷)

亲爱的同学:

您好!

我们是心理学研究科研人员,想通过这份无记名的问卷调查当代青少年的心理状况,您的真实想法和实际情况将为我们的研究提供很大的帮助;同时,也为我们进一步作好青少年的教育工作提供可靠的资料。请您务必先填好个人资料,看清问题说明,然后再作答,每道题都要回答。答案没有对错和好坏之分。请你平时是怎么想的,就怎么回答,不要过多地考虑,想好了就回答。无记名加上我们的绝对保密,任何人都无法知道这是谁的答卷,请您不要有任何顾虑。

谢谢您的合作!

【个人资料】

1. 您的性别是:

A. 男　　　　　B. 女

2. 您的学段是:

A. 初中　　　　B. 高中　　　　C. 大学

3. 您是否有留守儿童成长经历:

A. 是　　　　　B. 否

4. 您是否为独生子女:

A. 是　　　　　B. 否

5. 您的家庭状况是:

A. 双亲家庭　　　　　　　B. 单亲家庭

C. 离异重组双亲家庭　　　D. 其他

6. 您的家庭居住地是:

A. 城市　　　　B. 乡镇　　　　C. 农村

7. 您的民族是:

A. 汉族　　　　B. 蒙古族　　　C. 藏族　　　　D. 壮族

E. 回族　　　　F. 维吾尔族　　G. 苗族　　　　H. 土家族

I. 其他少数民族

8. 您的学校层次是:

A. 专科　　　　B. 本科　　　　C. 重点本科

9. 您的专业是:

A. 文科　　　　B. 理工科　　　C. 艺体

10. 您的年级是:

A. 一年级　　　B. 二年级　　　C. 三年级　　　D. 四年级

【问卷说明】

- 1. 请你仔细阅读问卷的每一句话，然后根据这句话与你自己符合的程度，在相应的方框里划"√"。
- 2. 除非你认为其他4个选项都不符合你的真实想法，否则请尽量不要选择那些"不确定"的选项。
- 3. 回答每一个问题时，不要有遗漏；每题只作一种选择，不要多选；不必费时思考，看懂后即选择。

题　项	很不符合	不太符合	不确定	比较符合	完全符合
1. 我觉得心理测量很有意思。					
2. 我能真实地回答测验中的每一个问题。					
3. 我很清楚测试指导语的内容。					
4. 在网上，我下载/看过色情图片。					
5. 网上的色情内容可以令我的心情舒畅。					
6. 在网上，我会下载/看过色情电影。					
7. 在网上，我会进入色情网站。					
8. 在网上，我会下载/看过色情小说。					
9. 没有色情内容的网络，我的生活毫无兴趣可言。					
10. 不上网的时候，我会幻想和上网有关的色情内容。					
11. 我从没有损坏或遗失过别人的东西。					
12. 我在网络上和其他朋友说某人的坏话。					
13. 我在网络上故意泄露他人的私密信息。					
14. 我在网络上散布过关于某个人或组织的谣言。					
15. 我在某人的个人空间或者博客上对其进行辱骂或人身攻击。					
16. 我在某人的个人空间或者博客上对其进行威胁和恐吓。					
17. 我不能控制自己网上攻击的行动。					
18. 我不相信网络世界中有"天上掉馅饼"的事情。					

(续表)

题 项	很不符合	不太符合	不确定	比较符合	完全符合
19. 上网中，我不会点击来历不明的网络链接。					
20. 上网中，我偶尔会将自己的身份信息泄露给陌生人。					
21. 我只选择信誉良好的公司所开设的网站购物。					
22. 我对网络中的免费赠品很感兴趣。					
23. 网络技术的发达很吸引我，我认为网上不存在欺诈行为。					
24. 我从来没有失约过。					
25. 我玩游戏比做其他的事情要用心的多。					
26. 我的课余时间基本上是花在玩游戏上。					
27. 游戏的时间总是太少，满足不了我的要求。					
28. 我花了太多的时间玩游戏，以致于影响了自己的学习。					
29. 我常常因为专心于玩游戏而忽视了身边的许多事。					
30. 我感到玩互动式的网络游戏非常刺激。					
31. 我常常在网络行为中隐藏自己的真实身份。					
32. 我认为在网络行为中不应受社会道德的约束。					
33. 在网络生活中我可以无拘无束地进行人际交往。					
34. 我常常在网络行为中失去自我。					
35. 在网络行为中我常常模糊表达我内心的情感需求。					
36. 我喜欢聊天室，因为评论的内容可以立刻公布出来使每个人都看到。					
37. 虽然上网对我的日常人际关系造成负面影响，但仍未减少上网。					

(续表)

题　项	很不符合	不太符合	不确定	比较符合	完全符合
38. 我会及时学习党中央提出的新理论					
39. 我认为每个中国人随时随刻应与党中央保持一致。					
40. 我认为我们党应该代表中国先进文化发展的方向。					
41. 我认为我们党应该代表中国最广大人民的根本利益。					
42. 我认为和谐的人际关系在和谐社会中占有重要意义。					
43. 我愿意和身边的人友好相处。					
44. 我认为人际交往中应有更多的正能量。					
45. 有时我真想骂人。					
46. 我认为在社会交往中应该多考虑别人的想法。					
47. 我很愿意去创新,因为创新很有意思。					
48. 我喜欢用新方法解决我所遇到的问题。					
49. 我非常愿意了解那些促进时代进步发展的新科技。					
50. 我们的思想行为应该与时代同步。					
51. 我认为民族振兴是每个人的责任。					
52. 我坚信中华民族会日益昌盛。					
53. 我对国旗遭到他人践踏的事情无动于衷。					
54. 奥运会上,当中国国旗升起、国歌奏响时,我没什么感觉。					
55. 诚信是一种可贵的品质。					
56. 我讨厌说谎的人。					
57. 如果我有钱就不会辛勤劳动了。					
58. 勤俭节约这种提法已经过时了。					
59. 我为中国古代"四大发明"感到自豪。					

(续表)

题　　项	很不符合	不太符合	不确定	比较符合	完全符合
60. 中国古代修建的万里长城没有任何价值。					
61. 大运河是古代劳动人民勤劳智慧的结晶。					
62. 我为中华民族拥有5000年文明史而自豪。					
63. 中国人应该多过中国人的节日，少过洋节日。					
64. 我经常忘记过端午节。					
65. 我很期待春节全家团圆的日子。					
66. 我对清明节间有人载歌载舞无动于衷。					
67. 我会为抗金英雄岳飞的爱国精神所感动。					
68. 我很赞赏关公的忠义。					
69. 每个人都应该孝敬父母。					
70. 每个人都应该热爱自己的祖国。					

（完。谢谢您的合作！）

附录7

YNER（初始问卷）

亲爱的同学：

　　您好！

　　我们是心理学研究科研人员，想通过这份无记名的问卷调查当代青少年的心理状况，您的真实想法和实际情况将为我们的研究提供很大的帮助；同时，也为我们进一步做好青少年的教育工作提供可靠的资料。请您务必先填好个人资料，看清问题说明，然后再作答，每道题都要回答。答案没有对错和好坏之分。请你平时是怎么想的,就怎么回答,不要过多地考虑,想好了就回答。无记名加上我们的绝对保密,任何人都无法知道这是谁的答卷,请您不要有任何顾虑。

谢谢您的合作!

【个人资料】

1. 您的性别是:

A. 男　　　　　B. 女

2. 您的学段是:

A. 初中　　　　B. 高中　　　　C. 大学

3. 您是否有留守儿童成长经历:

A. 是　　　　　B. 否

4. 您是否为独生子女:

A. 是　　　　　B. 否

5. 您的家庭状况是:

A. 双亲家庭　　B. 单亲家庭

C. 离异重组双亲家庭　　　　　D. 其他

6. 您的家庭居住地是:

A. 城市　　　　B. 乡镇　　　　C. 农村

7. 您的民族是:

A. 汉族　　　　B. 蒙古族　　　C. 藏族　　　　D. 壮族

E. 回族　　　　F. 维吾尔族　　G. 苗族　　　　H. 土家族

I. 其他少数民族

8. 您的学校层次是:

A. 专科　　　　B. 本科　　　　C. 重点本科

9. 您的专业是:

A. 文科　　　　B. 理工科　　　C. 艺体

10. 您的年级是:

A. 一年级　　　B. 二年级　　　C. 三年级　　D. 四年级

【问卷说明】

- 1. 请你仔细阅读问卷的每一句话，然后根据这句话与你自己符合的程度，在相应的方框里划"√"。
- 2. 除非你认为其他4个选项都不符合你的真实想法，否则请尽量不要选择那些"不确定"的选项。
- 3. 回答每一个问题时，不要有遗漏；每题只作一种选择，不要多选；不必费时思考，看懂后即选择。

题 项	很不符合	不太符合	不确定	比较符合	完全符合
1. 我觉得心理测量很有意思。					
2. 我能真实地回答测验中的每一个问题。					
3. 我很清楚测试指导语的内容。					
4. 在网上，我下载/看过色情图片。					
5. 网上的色情内容可以令我的心情舒畅。					
6. 在网上，我会下载/看过色情电影。					
7. 在网上，我会进入色情网站。					
8. 在网上，我会下载/看过色情小说。					
9. 我从没有损坏或遗失过别人的东西。					
10. 我在网络上和其他朋友说某人的坏话。					
11. 我在网络上故意泄露他人的私密信息。					
12. 我在网络上散布过关于某个人或组织的谣言。					
13. 我在某人的个人空间或者博客上对其进行辱骂或人身攻击。					
14. 我在某人的个人空间或者博客上对其进行威胁和恐吓。					
15. 我不相信网络世界中有"天上掉馅饼"的事情。					
16. 上网中，我不会点击来历不明的网络链接。					
17. 上网中，我偶尔会将自己的身份信息泄露给陌生人。					
18. 我只选择信誉良好的公司所开设的网站购物。					

(续表)

题 项	很不符合	不太符合	不确定	比较符合	完全符合
19. 我对网络中的免费赠品很感兴趣。					
20. 网络技术的发达很吸引我，我认为网上不存在欺诈行为。					
21. 我从来没有失约过。					
22. 我玩游戏比做其他的事情要用心的多。					
23. 我的课余时间基本上是花在玩游戏上。					
24. 游戏的时间总是太少，满足不了我的要求。					
25. 我花了太多的时间玩游戏，以致于影响了自己的学习。					
26. 我常常因为专心于玩游戏而忽视了身边的许多事。					
27. 我认为在网络行为中不应受社会道德的约束。					
28. 在网络生活中我可以无拘无束地进行人际交往。					
29. 我常常在网络行为中失去自我。					
30. 在网络行为中我常常模糊表达我内心的情感需求。					
31. 我认为我们党应该代表中国先进文化发展的方向。					
32. 我认为我们党应该代表中国最广大人民的根本利益。					
33. 我认为和谐的人际关系在和谐社会中占有重要意义。					
34. 我愿意和身边的人友好相处。					
35. 我认为人际交往中应有更多的正能量。					
36. 有时我真想骂人。					
37. 我非常愿意了解那些促进时代进步发展的新科技。					
38. 我们的思想行为应该与时代同步。					

(续表)

题　　项	很不符合	不太符合	不确定	比较符合	完全符合
39. 我为中国古代"四大发明"自豪。					
40. 大运河是古代劳动人民勤劳智慧的结晶。					
41. 我为中华民族拥有 5000 年文明史而自豪。					
42. 我很期待春节全家团圆的日子。					
43. 我会为抗金英雄岳飞的爱国精神所感动。					
44. 我很赞赏关公的忠义。					

问卷施测注意事项

尊敬的老师：

您好！

非常感谢您对研究项目"立德树人背景下青少年网络环境责任心研究"课题组科研工作的支持和无私帮助！

为了保证研究的科学性，问卷调查的客观性、严肃性，我们拟订了以下注意事项，烦请您在帮助我们做调查时注意。

[1] 问卷要在上课或开会的时间对学生进行集体施测；并当场收回；完成问卷的时间大约需要12分钟左右的时间。

[2] 施测之前先请学生认真阅读指导语，即"问卷"的开头部分，然后再填答问卷。

[3] 请提醒同学们先在问卷上把个人基本情况填写好，再进行填答问卷。

[4] 请将做好的问卷全部收回，统一邮寄给：重庆市涪陵区李渡长江师范学院教师教育学院　赵兴奎（收），邮编：400715。

再次对您的热心帮助表示衷心地感谢！

附录 8

YNER（正式问卷）

亲爱的同学：

您好！

  我们是心理学研究科研人员，想通过这份无记名的问卷调查当代青少年的心理状况，您的真实想法和实际情况将为我们的研究提供很大的帮助；同时，也为我们进一步做好青少年的教育工作提供可靠的资料。请您务必先填好个人资料，看清问题说明，然后再作答，每道题都要回答。答案没有对错和好坏之分。请你平时是怎么想的，就怎么回答，不要过多地考虑，想好了就回答。无记名加上我们的绝对保密，任何人都无法知道这是谁的答卷，请您不要有任何顾虑。

  谢谢您的合作！

【个人资料】

1. 您的性别是：

 A. 男   B. 女

2. 您的学段是：

 A. 初中   B. 高中   C. 大学

3. 您是否有留守儿童成长经历：

 A. 是   B. 否

4. 您是否为独生子女：

 A. 是   B. 否

5. 您的家庭状况是：

 A. 双亲家庭   B. 单亲家庭

 C. 离异重组双亲家庭   D. 其他

6. 您的家庭居住地是：

 A. 城市   B. 乡镇   C. 农村

7. 您的民族是：

A. 汉族　　　　　B. 蒙古族　　　　C. 藏族　　　　　D. 壮族

E. 回族　　　　　F. 维吾尔族　　　G. 苗族　　　　　H. 土家族

I. 其他少数民族

8. 您的学校层次是：

A. 专科　　　　　B. 本科　　　　　C. 重点本科

9. 您的专业是：

A. 文科　　　　　B. 理工科　　　　C. 艺体

10. 您的年级是：

A. 一年级　　　　B. 二年级　　　　C. 三年级　　　　D. 四年级

【问卷说明】

- 1. 请你仔细阅读问卷的每一句话，然后根据这句话与你自己符合的程度，在相应的方框里划"√"。
- 2. 除非你认为其他4个选项都不符合你的真实想法，否则请尽量不要选择那些"不确定"的选项。
- 3. 回答每一个问题时，不要有遗漏；每题只作一种选择，不要多选；不必费时思考，看懂后即选择。

题　　项	很不符合	不太符合	不确定	比较符合	完全符合
1. 我觉得心理测量很有意思。					
2. 我能真实地回答测验中的每一个问题。					
3. 我很清楚测试指导语的内容。					
4. 在网上，我下载/看过色情图片。					
5. 网上的色情内容可以令我的心情舒畅。					
6. 在网上，我会下载/看过色情电影。					
7. 在网上，我会进入色情网站。					
8. 在网上，我会下载/看过色情小说。					
9. 我从没有损坏或遗失过别人的东西。					
10. 我在网络上和其他朋友说某人的坏话。					
11. 我在网络上故意泄露他人的私密信息。					

(续表)

题 项	很不符合	不太符合	不确定	比较符合	完全符合
12. 我在网络上散布过关于某个人或组织的谣言。					
13. 我在某人的个人空间或者博客上对其进行辱骂或人身攻击。					
14. 我在某人的个人空间或者博客上对其进行威胁和恐吓。					
15. 我不相信网络世界中有"天上掉馅饼"的事情。					
16. 上网中,我不会点击来历不明的网络链接。					
17. 我只选择信誉良好的公司所开设的网站购物。					
18. 我对网络中的免费赠品很感兴趣。					
19. 网络技术的发达很吸引我,我认为网上不存在欺诈行为。					
20. 我从来没有失约过。					
21. 我玩游戏比做其他的事情要用心的多。					
22. 我的课余时间基本上是花在玩游戏上。					
23. 游戏的时间总是太少,满足不了我的要求。					
24. 我花了太多的时间玩游戏,以致于影响了自己的学习。					
25. 我常常因为专心于玩游戏而忽视了身边的许多事。					
26. 我认为在网络行为中不应受社会道德的约束。					
27. 在网络生活中我可以无拘无束地进行人际交往。					
28. 我常常在网络行为中失去自我。					
29. 在网络行为中我常常模糊表达我内心的情感需求。					

(续表)

题 项	很不符合	不太符合	不确定	比较符合	完全符合
30. 我认为我们党应该代表中国先进文化发展的方向。					
31. 我认为我们党应该代表中国最广大人民的根本利益。					
32. 我认为和谐的人际关系在和谐社会中占有重要意义。					
33. 我愿意和身边的人友好相处。					
34. 我认为人际交往中应有更多的正能量。					
35. 有时我真想骂人。					
36. 我非常愿意了解那些促进时代进步发展的新科技。					
37. 我们的思想行为应该与时代同步。					
38. 我为中国古代"四大发明"感到自豪。					
39. 大运河是古代劳动人民勤劳智慧的结晶。					
40. 我为中华民族拥有 5000 年文明史而自豪。					
41. 我会为抗金英雄岳飞的爱国精神所感动。					
42. 我很赞赏关公的忠义。					

问卷施测注意事项

尊敬的老师：

您好！

非常感谢您对我们课题组科研工作的支持和无私帮助！

为了保证研究的科学性，问卷调查的客观性、严肃性，我们拟订了以下注意事项，烦请您在帮助我们做调查时注意。

[1] 问卷要在上课或开会的时间对学生进行集体施测；并当场收回；完成

问卷的时间大约需要 12 分钟左右的时间。

[2] 施测之前先请学生认真阅读指导语,即"问卷"的开头部分,然后再填答问卷。

[3] 请提醒同学们先在问卷上把个人基本情况填写好,再进行填答问卷。

[4] 请将做好的问卷全部收回,统一邮寄给:重庆市涪陵区李渡长江师范学院教师教育学院　赵兴奎(收),邮编:400715。

附录9

题项的参考问卷和量表

1. 青少年网络色情偏差行为量表

李冬梅,《青少年网上偏差行为的实证与理论研究》,博士学位论文,首都师范大学.

2. 网络攻击行为研究问卷

许羚仪,《大学生网络依赖与网络攻击性行为关系探究——基于个体攻击性的调节效应》,硕士学位论文,重庆大学硕士学位论文2017.

3. 青少年网络游戏成瘾量表

余强,《青少年学生网络游戏成瘾及其影响因素研究》,西南大学硕士学位论文2007.

4. 网络交往问卷

陈秋珠,《赛博空间的人际交往——大学生网络交往与心理健康关系的研究》,吉林大学博士学位论文2006.

5. 青少年社会主义核心价值观问卷

余林,《青少年社会主义核心价值观研究》,科学出版社,2014.

6. 中国传统文化社会表征问卷

朱小芳,《青少年对中国传统文化的社会表征及其与民族认同感的关系》,华中师范大学硕士论文2008.

7. 青少年对中华民族文化基本精神认同问卷

周玲,《青少年对中华民族文化基本精神认同的研究》,南京师范大学硕士学位论文 2014.

8. 卡特尔十六项人格因素测验（16PF）

刘永和修订.

9. 奥尔波特的价值观量表

张进辅等修订.

10. 艾森克个性问卷（成人）EPQ（Adult）

张进辅等修订.

11. 大学生社会责任心问卷

赵兴奎,《大学生社会责任心结构及发展特点》,西南大学硕士学位论文,2004.

附录 10

情绪智力量表

填答说明：以下各项表述是用来了解您"个人的情绪经验"。请在最符合您个人实际感受的数字上打"√"。

项目	描述	非常不同意	不同意	有点不同意	有点同意	同意	非常同意
1	在大部分时间里，我都能充分地了解自己为什么会有此种情绪	1	2	3	4	5	6
2	我相当地了解自己的情绪	1	2	3	4	5	6
3	我真正地了解自己的感受	1	2	3	4	5	6
4	我总是知道自己是否快乐	1	2	3	4	5	6
5	我总是能从朋友的言行举止中得知他们的情绪	1	2	3	4	5	6

(续表)

项目	描述	非常不同意	不同意	有点不同意	有点同意	同意	非常同意
6	我善于观察旁人的情绪	1	2	3	4	5	6
7	我对于旁人的感觉跟情绪相当的敏感	1	2	3	4	5	6
8	我相当了解身边之人的情绪	1	2	3	4	5	6
9	我总是替自己设定目标然后尽力去达成	1	2	3	4	5	6
10	我总是告诉自己"我是个有能力的人"	1	2	3	4	5	6
11	我是个自我激励的人	1	2	3	4	5	6
12	我总是鼓励自己要全力以赴	1	2	3	4	5	6
13	我能充分控制自己的脾气，因而能理性地处理困难的事情	1	2	3	4	5	6
14	我相当懂得控制自己的情绪	1	2	3	4	5	6
15	当我非常生气的时候，我总是能很快地冷静下来	1	2	3	4	5	6
16	我把自己的情绪控制得很好	1	2	3	4	5	6

附录11

网络成瘾量表

填答说明：以下各项描述是用来了解您"对网络的看法"，请在能代表您观点的数字上打"√"。

项目	描述	从不这样	很少这样	有时这样	经常这样	总是这样
1	我发现上网是使我心情放松的好方法。	1	2	3	4	5
2	网络技术的发达很吸引我	1	2	3	4	5
3	没有网络，我的生活就毫无兴趣可言。	1	2	3	4	5

(续表)

项目	描述	从不这样	很少这样	有时这样	经常这样	总是这样
4	我不能控制自己上网的行动。	1	2	3	4	5
5	如果有一段时间停止上网,我会感到坐立不安。	1	2	3	4	5
6	我曾试过想花较少的时间在网络上,但却无法做到。	1	2	3	4	5
7	虽然上网对我的日常人际关系造成负面影响,但仍未减少上网。	1	2	3	4	5
8	上网时,我发现自己会想:"只要再过几分钟就下线",但又做不到。	1	2	3	4	5
9	不上网的时候,我会幻想和上网有关的事情。	1	2	3	4	5
10	我感到玩互动式的游戏非常刺激。	1	2	3	4	5
11	不管再累,上网时总觉得很有精神。	1	2	3	4	5
12	我对可以控制电脑世界着迷。	1	2	3	4	5
13	我上网的时间往往比计划的要长。	1	2	3	4	5
14	我虽然知道上网会影响学习和工作,但我还是继续上网。	1	2	3	4	5
15	我喜欢聊天室,因为评论的内容可以立刻公布出来使每个人都看到。	1	2	3	4	5
16	我觉得上网时的时间过得很快,不知不觉就超过了自己预想的时间。		2	3	4	5

附录12

学业自我效能感量表

填答说明:以下各项描述是用来了解您"平时学习的状态",请在能代表您观点的数字上打"√"。

项目	描述	非常不同意	不同意	有点同意	同意	完全同意
1	我相信自己有能力在学习上取得好成绩。	1	2	3	4	5
2	我认为自己有能力解决学习中遇到的问题。	1	2	3	4	5
3	和班上其他同学相比,我的学习能力是比较强的。	1	2	3	4	5
4	我认为我能够在课堂上及时掌握老师所讲授的内容。	1	2	3	4	5
5	我认为我能够学以致用。	1	2	3	4	5
6	和班上其他同学相比,我对所学专业的了解更广泛些。	1	2	3	4	5
7	我喜欢选择富有挑战性的学习任务。	1	2	3	4	5
8	我认为自己能够很好地理解书本上的知识及老师所讲授的内容。	1	2	3	4	5
9	我经常选择那些虽然难却能够从中学到知识的学习任务,哪怕需要付出更多的努力。	1	2	3	4	5
10	即使我在某次考试中的成绩很不理想,我也能平静地分析自己在考试中所犯的错误。	1	2	3	4	5
11	不管我学习成绩好与坏,我都从不怀疑自己的学习能力。	1	2	3	4	5
12	学习时我总喜欢通过自问自答的方式来检验自己是否已掌握了所学的内容。	1	2	3	4	5
13	当我思考某一问题时,我能够将前后所学的知识联系起来思考。	1	2	3	4	5
14	我经常发现自己虽然在阅读书本却不知道它讲的是什么意思。	1	2	3	4	5
15	阅读书本时我能够将所阅读的内容与自己已掌握的知识联系起来进行思考。	1	2	3	4	5
16	我发现自己上课时总是开小差以致于不能认真听讲。	1	2	3	4	5
17	我常常不能准确地归纳出所阅读内容的主要意思。	1	2	3	4	5
18	我总是在书本或笔记本上划出重点部分以帮助学习。	1	2	3	4	5

(续表)

项目	描述	非常不同意	不同意	有点同意	同意	完全同意
19	当我为考试而复习时，我能够将前后所学的知识融会贯通起来进行复习。	1	2	3	4	5
20	课堂上作笔记时我总试图记下老师的每一句话，而不管它是否有意义。	1	2	3	4	5
21	做作业时我总力求回忆起老师在课堂上所讲的内容以便把作业做好。	1	2	3	4	5
22	即使老师没有要求，我也会自觉地做书本上每一章节后面的习题来检验自己对知识的掌握情况。	1	2	3	4	5

附录 13

青少年学习倦怠量表

填答说明：以下有16个与学习感受有关的陈述句。请逐一仔细阅读，然后指出您在学习中曾经有过的心理感受。请在最符合您个人实际感受的数字上打"√"。

项目	描述	非常不同意	不同意	有点同意	同意	完全同意
1	我能够精力充沛地投入学习。	1	2	3	4	5
2	我最近感到心里很空，不知道该干什么	1	2	3	4	5
3	我学习太差了，真想放弃。	1	2	3	4	5
4	我能够经常达到自己的目标。	1	2	3	4	5
5	一天的学习结束，我感到疲惫至极。	1	2	3	4	5
6	我觉得自己反正不懂，学不学都无所谓。	1	2	3	4	5
7	当学习时，我忘记了周围的一切。	1	2	3	4	5
8	最近一段时间，我常常感觉到筋疲力尽。	1	2	3	4	5

(续表)

项目	描述	非常不同意	不同意	有点同意	同意	完全同意
9	学习方面,我体会不到成就感。	1	2	3	4	5
10	我觉得学习对我没有意义。	1	2	3	4	5
11	我能很好地应付考试。	1	2	3	4	5
12	在学校,我经常感到筋疲力尽。	1	2	3	4	5
13	我抱着玩世不恭的学习态度。	1	2	3	4	5
14	我能够有效地解决自己学习中出现的问题。	1	2	3	4	5
15	我总是能够轻松应付学习方面的问题。	1	2	3	4	5
16	我很容易掌握所学知识。					

附录 14

自尊量表

填答说明:请在最符合您个人实际心理感受的数字上打"√"。

项目	描述	非常不符合	比较不符合	比较符合	非常符合
1	我感到我是一个有价值的人,至少与其他人在同一水平上。	1	2	3	4
2	我感到我有许多好的品质。	1	2	3	4
3	归根结底,我倾向于觉得自己是一个失败者。	1	2	3	4
4	我能像大多数人一样把事情做好。	1	2	3	4
5	我感到自己值得自豪的地方不多。	1	2	3	4
6	我对自己持肯定态度。	1	2	3	4
7	总的来说,我对自己是满意的。	1	2	3	4
8	我希望我能为自己赢得更多尊重。	1	2	3	4
9	我确实时常感到自己毫无用处。	1	2	3	4
10	我时常认为自己一无是处。	1	2	3	4

附录 15

青少年网络环境责任心调查的学校

中学	大学
浙江省建德市新世纪实验中学	中国海洋大学
四川省成都市四十四中学	华中科技大学
河北省安平中学	西安体育学院
湖南省浏阳市永和镇中学	四川大学
江苏科技大学附属中学	西南大学
贵州省松桃民族中学	扬州大学
昆明市第十中学	西南财经大学
重庆市涪陵区第五中学	西南大学
重庆市彭水县第一中学	重庆师范大学
重庆市郁山中学	长江师范学院
	成都职业技术学院
	重庆工程职业技术学院

参考文献

一、中文参考文献

安涛、侯琦:《农村留守儿童网络素养:基于对照的实证研究》,载《现代传播(中国传媒大学学报)》,2021年第8期,第161页。

安洋洋:《自我威胁情境下初中生自尊对外显攻击、内隐攻击的影响》,上海师范大学硕士论文,2021年。

白晓丽:《大学生网络责任意识提升策略研究》,载《青少年学刊》,2019年第4期,第47页。

毕泽生:《中学生公正世界信念、特质移情以及亲社会行为的关系研究》,哈尔滨师范大学硕士论文,2019年。

陈灿芬:《网络治理视域下大学生社会主义核心价值观的培育》,载《江西社会科学》,2020年第11期,第246页。

陈晨:《亲子关系对青少年网络素养的影响》,载《当代青年研究》,2017年第3期,第39页。

陈功香、孙英红:《90后大学生网络依赖与C型行为关系研究》,载《中国特殊教育》,第2011年第7期,第82页。

陈鸣澌:《微时代大学生网络责任意识探微》,载《学理论》,2016年第6期,第19页。

程岭红:《青少年学生责任心问卷的初步编制》,西南师范大学硕士论文,

2002 年。

杨硕、张颖：《大学生角色责任心、组织公民行为和心理契约之间的影响》，载《校园心理》，2019 年第 6 期，第 450—452 页。

丁萌萌：《中学生社会支持与学习倦怠的关系：心理弹性的中介效应研究》，四川师范大学硕士论文，2016 年。

董良、张婷、杨海波：《学业压力与学业倦怠的关系：自尊和焦虑的链式中介作用分析》，载《衡阳师范学院学报》，2021 年第 3 期，第 122—127 页。

董文、李志勇、李相南、徐慧聪：《大学生无聊倾向与幸福感的关系：网络依赖的中介作用》，载《中国临床心理学杂志》，2018 年第 5 期，第 1034—1037 页。

董新良、郭俊敏、郭熙婷：《澳大利亚青少年网络安全课程建设探析》，载《比较教育研究》，2020 年第 1 期，第 26 页。

杜建政、祝振兵：《公正世界信念：概念、测量、及研究热点》，载《心理科学进展》，2007 年第 2 期，第 373—378 页。

范翠英、汪倩倩、褚晓伟、滕妍君：《青少年网络欺负的影响因素、后果及教育对策》，载《教育研究与实验》，2018 年第 3 期，第 93—96 页。

范立斌：《青少年情绪智力量表的编制及在山西省青少年中的实测》，山西大学硕士论文，2008 年。

方凤：《共情与青少年亲社会行为的关系》，湖南师范大学硕士论文，2020 年。

方增泉、祁雪晶、王佳鑫、朴玟帅：《基于学校主体的中外青少年网络素养教育实践探索》，载《青年探索》，2019 年第 4 期，第 31—39 页。

冯明、袁泉、焦静：《企业员工责任心与绩效结构关系的实证研究》，载《科学决策》，20212 年第 1 期，第 1—14 页。

高亚军：《大学生职业生涯规划》，北京：北京理工大学出版社 2015 年版，第 24—33 页。

谷林柱、王凯：《现代网络技术发展概述》，载《软件》，2011 年第 3 期，第 11—13 页。

郭成、张琳雅、杨营凯：《青少年主观社会经济地位与心理韧性的关系：

公正世界信念的作用》，载《西南大学学报（社会科学版）》，2019年第4期，第109—117页。

郭丹、郑永安：《情绪智力对大学生社会责任感的影响研究》，载《高教探索》，2020年第4期，第115—120页。

郭倩蓉：《高校网络舆论生态建设中大学生责任意识培育研究》，兰州大学硕士论文，2020年。

郭玮：《独立学院大学生心理成熟度、成就动机与社会责任心的关系》，新乡医学院硕士论文，2014年。

郭亚辉：《低自控、父母互联网教养方式和青少年网络偏差行为的关系》，山东师范大学硕士论文，2017年。

韩二磊：《大学生网络责任意识缺失问题及其对策研究》，西南大学硕士论文，2014年。

韩珍：《当代青少年网络道德问题研究》，沈阳师范大学硕士论文，2015年。

何爱华、郭有强：《中小学信息技术课程网络伦理教育研究》，载《课程·教材·教法》，2017年第7期，第81页。

贺文均：《社会支持与特教专业大学生的专业承诺、学习责任心的关系研究》，西南大学硕士论文，2013年。

洪秀敏、朱文婷：《高学历女青年生育二孩的理想与现实——基于北京市的调查分析》，载《中国青年社会科学》，2017年第6期，第37—44页。

侯川美：《青少年情绪智力、道德推脱与攻击性行为的关系》，青岛大学硕士学位论文，2019年。

侯书新：《中职学生网络道德行为调查研究》，聊城大学硕士论文，2019年。

黄蔷薇、李丹、徐晓滢：《儿童责任心研究的现状与展望》，载《心理科学》，2010年第6期，第1444页。

黄四林、韩明跃、孙铃、尚若星：《大学生公正感对其社会责任感的影响——社会流动信念的中介作用》，载《北京师范大学学报（社会科学版）》，2016年第1期，第68—74页。

姬旺华、张兰鸽、寇彧：《公正世界信念对大学生助人意愿的影响：责任归因和帮助代价的作用》，《载心理发展与教育》，2014 年第 5 期，第 496—503 页。

吉优：《父亲参与教养、初中生责任心与亲社会行为的关系研究》，哈尔滨师范大学硕士论文，2017 年。

江楠楠、顾海根：《大学生上网行为、态度和人格特征的研究》，载《心理科学》，2005 年第 1 期，第 49 页。

江月：《初中生自我效能感、心理韧性与学业拖延的关系研究》，陕西理工大学硕士论文，2021 年。

姜英杰、王玉、严燕：《青少年网络行为自我调控量表的编制及效度验证》，载《心理与行为研究》，2014 年第 3 期，第 345—350 页。

姜勇、庞丽娟：《幼儿责任心维度构成的探索性与验证性因子分析》，载《心理科学》，2000 年第 4 期，第 417 页。

蒋坤、冯春：《初中留守经历青少年社会支持与自我意识关系研究》，载《赣南师范学院学报》，2013 年第 1 期，第 122—124 页。

蒋婷：《中学生网络社会责任感现状与培养研究》，南京师范大学硕士论文，2017 年。

解登峰：《情感教育视角下青少年网络社会责任感培养》，载《中国教育学刊》，2017 年第 6 期，第 97—102 页。

金灿灿、邹泓：《父母监控与青少年网络偏差行为的关系：人格类型的调节作用》，载《中国特殊教育》，2013 年第 6 期，第 63—68 页。

金芳：《3—6 岁幼儿责任心培养的实验研究》，辽宁师范大学硕士论文，2004 年。

金童林、陆桂芝、张璐、李肖肖：载《大学生网络社会支持在自尊和网络偏差行为关系间的中介作用》载《心理技术与应用》，2017 年第 6 期，第 327—333 页。

康亚通：《青少年网络沉迷研究综述》，载《中国青年社会科学》，2019 年第 6 期，第 130—135 页。

孔敏：《情绪智力、自我同一性与网络成瘾的关系研究》，曲阜师范大学硕士论文，2011年。

寇彧、洪慧芳、谭晨等：《青少年亲社会倾向量表的修订》，载《心理发展与教育》，2007年第1期，第112—117页。

李邦红：《人格视角下大学生网络责任教育路径探析》，载《思想政治课研究》，2020年第1期，第85页。

李丹：《重庆市大学生的中国梦与其成就动机、学习责任心的关系研究》，西南大学硕士论文，2015年。

李冬、马廷湖：《初中生公正世界信念与对待欺凌态度的现状和关系研究》，载《中小学心理健康教育》，2021年第17期，第4—8页。

李冬梅：《青少年网上偏差行为的实证与理论研究》，首都师范大学博士论文，2008年。

李国屏、谢武纪：《我国青少年网络素养提高的对策研究》，载《职业时空》，2006年第23期，第60页。

李昊、刘笑语、朱倩、周亚楠：《大学生网络成瘾类型与学习倦怠的关系》，载《新乡医学院学报》，2017年第11期，第1002—1004页。

李红：《网络环境下青少年责任心的形成与发展，湖南师范大学硕士论文，2013年。

李洪曾：《幼儿责任心评价量表的制订》，载《山东教育》，2002年第3期，第33—36页。

李卉：《青少年的网络依赖及其与自尊的关系研究》，浙江大学硕士论文，2006年。

李惠敏：《班级心理氛围、学习责任心与大专生学业倦怠的关系》，山西师范大学硕士论文，2013年。

李慧：《中职生人际信任、社会支持与社会责任心的关系研究》，载《现代职业教育》，2016年第27期，第178页。

李丽娜、齐音、张帆等：《医学生精神信仰、社会责任心和利他行为的关系研究》，载《中国高等医学教育》，2021年第2期，第39—40页。

李玲：《青少年网络媒介素养现状及对策研究》，湖南师范大学硕士论文，2014年。

李娜娜:《家庭规则、幼儿责任心与亲社会行为的关系研究》,山东师范大学硕士论文,2018年。

李勤姣:《青少年网络被欺凌与自尊、自我同一性关系及干预研究》,江西师范大学硕士论文,2020年。

李爽、何歆怡:《大学生网络素养现状调查与思考》,载《开放教育研究》,2022年第1期,第62—74页。

李雪:《中学生社会责任心结构及其发展特点研究》,西南师范大学硕士论文,2004年。

李岩、高焕静:《网络素养教育与青少年网络暴力治理》,载《新闻界》,2014年第22期,第67页。

梁宇颂:《大学生成就目标、归因方式与学业自我效能感的研究》,华中师范大学硕士论文,2000年。

刘广增、张大均、朱政光等:《家庭社会经济地位对青少年问题行为的影响:父母情感温暖和公正世界信念的链式中介作用》,载《心理发展与教育》,2020年第2期,第240—248页。

刘国华、张积家:《试论责任心的心理结构》,载《教育研究与实验》,1998年第1期,第43页。

刘黎雯:《中学生责任心教育初探》,苏州大学硕士学位论文,2012年。

刘沛汝、姜永志、白晓丽:《手机互联网依赖与心理和谐的关系:网络社会支持的作用》,载《中国临床心理学杂志》,2014年第2期,第277页。

刘思佳、金灿灿:《大学生手机依赖与学习倦怠的关系:人格的调节作用》,载《中国特殊教育》,2018年第5期,第86—91页。

刘衍玲、张大均:《中小学教师的情绪工作研究》,北京:科学出版社2015年版,第72—75页。

刘勇、谭小宏:《中学生社会责任心的结构与发展特点研究》,载《中国特殊教育》,2008年第5期,第78—82页。

卢正正:《高中生公正世界信念与主观幸福感的关系:亲社会行为的中介作用》,浙江师范大学学位论文,2020年。

陆寒:《道德推脱对大学生助人意愿的影响》,江西科技师范大学学位论文，2017年。

罗磊：《社会支持、学习倦怠与自尊的中介作用》，载《山西财经大学学报》，2021年第1期，第81页。

罗天莹：《改革开放30年与青年生育观念的变迁》，载《中国青年研究》，2008年第1期，第12页。

马克思、恩格斯：《马克思恩格斯选集》，北京：人民出版社1972年版，第152页。

马姗姗：《光明调查》，载《光明日报》，2020年9月18日，第7版。

马晓辉、雷雳：《青少年网络道德与其网络亲社会行为的关系》，载《心理科学》，2011年第2期，第423—428页。

满莉芳：《情绪劳动工作者情绪劳动负荷与工作结果之研究——以情绪智力与工作特性为干扰》，台湾私立静宜大学企业管理研究所硕士论文，2002年。

莫明琪、杨元花、徐希铮：《亲社会动机对大学生网络成瘾的影响：基本心理需要的链式中介作用》，载《邵阳学院学报（社会科学版）》，2015年第5期，第114—120页。

倪嘉文：《当代中国青少年道德价值观的问卷编制与现状研究》，南京师范大学硕士论文，2018年。

潘晓杰：《社会帮扶背景下留守经历青少年社会责任心现状及其教育对策研究》，贵州师范大学硕士论文，2017年。

潘颖秋：《初中青少年自尊发展趋势及影响因素的追踪分析》，载《心理学报》，2015年第6期，第787—796页。

彭兰：《中国网络媒体的第一个十年》，北京：清华大学出版社2005年，第25—36页。

皮亚杰：《儿童的道德判断》，济南：山东教育出版社1984年版，第74页。

齐春辉、杨文博：《乡镇寄宿制中学留守经历青少年自我意识研究》，载《中小学心理健康教育》，2013年第10期，第6页。

钱婷婷、张艳萍：《青少年网络素养：概念演进，指标构建与培育路径》，载《上海教育科研》，2018年第7期，第42—46页。

乔晓丽：《大学生中华民族传统文化认同研究综述》，载《新疆职业教育研究》，2018 年第 1 期，第 80 页。

秦永芳、马通：《青少年网络素养教育的家庭策略》，载《思想政治课教学》，2010 年第 11 期，第 80—81 页。

邱小艳：《家庭结构对青少年良心发展的影响》，载《文教资料》，2016 年第 26 期，第 137 页。

冉汇真、刘宗发：《区域性一般本科院校学生社会责任心调查分析》，载《湖南师范大学教育科学学报》，2012 年第 5 期，第 118 页。

任可雨：《听障中学生感受到的教师生命教育与其心理健康、学习责任心的关系研究》，西南大学硕士论文，2017 年。

沈国祯：《浅析责任的涵义、特点和分类》，载《江西社会科学》，2001 年第 1 期，第 55 页。

沈洁：《大学生网络素养与核心价值观认同》，载《当代青年研究》，2018 年第 4 期，第 11 页。

施春华、王一茜、张静等：《初中生自尊和网络攻击行为的关系：人际关系的中介作用》，载《中国健康心理学杂志》，2017 年第 5 期，第 704—709 页。

宋琳婷：《大学生移情、社会责任心与内隐、外显利他行为的关系》，哈尔滨师范大学硕士论文，2012 年。

宋友志、田媛、周宗奎等：《青少年公正世界信念对抑郁的影响：感恩和自尊的序列中介作用》，载《心理科学》，2018 年第 4 期，第 828—834 页。

苏兰、何齐宗：《论责任内涵的多重维度》，载《人民论坛·学术前沿》，2018 年第 14 期，第 94 页。

孙六平、鲁宽民：《青少年网络道德失范观察》，载《人民论坛》，2014 年第 8 期，第 159 页。

谭小宏：《责任心的心理学研究与展望》，载《心理科学》，2005 年第 4 期，第 991—994 页。

汤茜：《大学生学业拖延与家庭功能、自我效能感的关系》，湖南师范大学硕士论文，2017 年。

陶金花、程灶火：《大学生责任心问卷编制和信效度研究》，载《中国临床心理学杂志》，2020年第3期，第496页。

田丰、王璐：《中国青少年网络技能素养状况研究》，载《中国青年社会科学》，2020年第6期，第74—84页。

王滨、于海滨、杨爽：《大学生网络游戏成瘾与学习倦怠的关系》，载《中国心理卫生杂志》，2007年第12期，第841页。

王晨、贾彩彩、王明滨：《以疫情防控为契机加强大学生网络责任意识的研究》，载《医学教育管理》，2020年第2期，第123页。

王传奇：《大学生网络依赖与学习倦怠的相关研究》，载《校园英语》，2014年第12期，第29页。

王凡：《青少年网络人格培育中的动力结构分析》，中南大学硕士论文，2013年。

王健敏：《道德学习论》，杭州：浙江教育出版社2004版，第36—39页。

王晶：《责任心发展的心理机制研究》，载《教育理论与实践》，2017年第8期，第18—20页。

王明辉：《管理者责任心研究》，河南大学硕士论文，2003年版。

王滔：《大学生心理素质结构及其发展特点的研究》，西南大学硕士学位论文，2002年。

王武：《神经质和责任心对拖延的影响：自我效能感和成就动机的中介作用》，吉林大学硕士论文，2017年。

王鑫强、张大均：《青少年心理素质与健康关系模型研究》，北京：科学出版社2015版，第249页。

王燕：《当代大学生责任观的调查报告》，载《青年研究》，2003年第1期，第17页。

王振宇：《当代大学生网络责任意识现状及培育对策—基于北京市9所高校的实证调查》，载《中国多媒体与网络教学学报（上旬刊）》，2018年第8期，第67页。

魏超：《情绪智力对大学生亲社会行为的影响》，东北师范大学硕士论文，2019年。

魏琳：《网络暴力游戏对大学生人际交往的影响》，辽宁师范大学硕士论文，2014年。

温忠麟、侯杰泰、张雷：《调节效应与中介效应的比较和应用》，载《心理学报》，2005年第2期，第268页。

吴靖、季蘋、潘秀丽：《道德责任心的形成及其对道德行为的影响研究》，载《心理发展与教育》，1991年第3期，第6页。

吴明隆：《问卷统计分析实务：SPSS操作与应用》，重庆：重庆大学出版社2010年版，第28页。

吴艳、戴晓阳、温忠麟等：《青少年学习倦怠量表的编制》，载《中国临床心理学杂志》，2010第2期，第152—154页。

吴月华：《网络游戏对青少年道德的影响机制研究》，载《上海交通大学学报（哲学社会科学版）》，2020年第4期，第71页。

武丽丽：《压力对中学生心理健康和学业发展的影响》，西南大学博士论文，2019年。

肖秀玲：《高中生学业自我效能感对手机成瘾的影响：自尊的中介作用》，西南大学硕士论文，2020年。

肖妍律：《独生子女的心理问题分析》，载《山西青年》，2016年第22期，第145页。

肖云川：《网络时代大学生网络责任意识探析》，载《教育观察》，2018年第1期，第10—11页。

谢秋燕：《在线社交网络依赖对现实人际关系困扰的影响》，内蒙古师范大学硕士论文，2020年。

谢晓东、邓英欣、蔡龙湖等：《自我效能感在大学生网络责任意识与网络成瘾间的中介作用》，载《校园心理》，2017年第1期，第22—24页。

熊孝梅：《中学生思想道德素质的实证研究》，华中师范大学硕士论文，2013年。

徐靳婷：《大学生环保责任心与环保行为关系的实验研究》，四川师范大学硕士论文，2015年。

徐靳婷：《大学生环保责任心与环保行为关系的实验研究》，四川师范大学硕士论文，2015 年。

许羚仪：《大学生网络依赖与网络攻击性行为关系探究》，重庆大学硕士学位论文，2017 年。

闫景瑞、曲之毅、邸红军等：《医学生自尊、一般自我效能感与 PBL 学习成绩关系研究》，载《中国高等医学教育》，2021 年第 4 期，第 10—11 页。

颜卉、孙利华：《网络舆情背景下女大学生网络责任意识研究》，载《科技资讯》，2018 第 10 期，第 245 页。

阳群：《高中生物质主义、社会责任心与亲社会行为倾向的关系及干预研究》，华中师范大学学位论文，2018 年。

杨继平、王娜、高玲：《儿童期虐待与青少年网络欺负行为的关系：自尊的中介作用和友谊质量的调节作用》，载《心理科学》，2021 年第 1 期，第 74—81 页。

杨兰芝、刘庆、曾照云：《网络环境下大学生信息素质调查分析》，载《情报科学》，2008 年第 12 期，第 1837 页。

杨巧芳：《青少年孤独感与情绪智力、亲子依恋的关系研究》，西南大学硕士论文，2013 年。

杨硕、张颖：《大学生角色责任心、组织公民行为、心理契约之间的影响》，载《校园心理》，2019 年第 6 期，第 450—452 页。

杨秀明：《青少年网络道德教育研究》，燕山大学硕士论文，2009 年。

杨雪睿、曹启湶：《90 后独生子女网络社交实证研究》，载《现代传播》，2018 年第 1 期，第 154 页。

杨亚琦：《中学生学习倦怠与课堂走神的关系》，天津师范大学硕士论文，2020 年。

杨烨，王登峰. 2007. Rosenberg 自尊量表因素结构的再验证. 中国心理卫生杂志，(9)：603 - 605 + 609.

叶浩生. 2009. 责任内涵的跨文化比较及其整合. 南京师大学报（社会科学版），(6)：101 - 106.

易梅、田园、明桦等：《公正世界信念与大学生社会责任感的关系：人际信任的解释作用及其性别差异》，载《心理发展与教育》，2019 年第 3 期，第

282页。

于航：《青少年网络道德问题及对策》，沈阳师范大学硕士论文，2019年。

于倩：《青少年主观幸福感对学业成就的影响——自我效能感、自尊和自我同一性的中介作用》，喀什大学硕士论文，2020年。

余林：《青少年社会主义核心价值观研究》，北京：科学出版社2014年版，第35页。

余相静：《初中生自尊、情绪智力与攻击行为的关系研究》，东北师范大学硕士论文，2014年。

余祖伟、任怡、武碧云等：《青少年网络责任心问卷的初步编制及信效度检验》，载《中国健康心理学杂志》，2016年第12期，第1860—1864页。

俞红蕾：《大学生网络道德失范行为问卷编制及应用》，南京师范大学硕士论文，2011年。

袁晓琳、肖少北：《中学生网络道德的实证研究》，载《教学与管理》，2017年第30期，第25—27页。

张凤贤：《中职生成就目标、成就动机和责任心的关系》，天津职业技术师范大学硕士论文，2018年。

张浩、张立家：《信息时代思想政治教育视域下大学生网络责任研究》，载《法制博览》，2020年第10期，第241页。

张红艳：《初中生主观幸福感与亲社会行为的关系：公正世界信念的中介作用》，渤海大学硕士论文，2020年。

张健：《责任心唤醒：一种干预大学生网络成瘾的探索角度》，载《扬州大学学报（高教研究版）》，2008年第2期，第24页。

张金勇：《师范生公正世界信念与责任感的现状与关系研究——以贵州师范学院为例》，载《贵州师范学院学报》，2019年第9期，第47—52页。

张丽美：《90后独生子女大学生孤独感研究》，载《长江大学学报（社会科学版）》，2014年第9期，第183页。

张清娥、胡金保：《留守经历青少年孤独感与自我意识的研究——以江西省Z市为例》，载《南昌师范学院学报（综合版）》，2015年第3期，第85页。

张淑婷：《特殊教育教师的工作价值观、专业情感和工作责任心的关系研究》，西南大学硕士论文，2017年。

张婷：《大学生网络偏差行为与自我中心、社会支持的关系》，赣南师范学院硕士论文，2014年。

张晓琳、喻承甫、路红：《父母心理控制与青少年网络游戏成瘾：自尊的中介与亲子关系的调节》，第二十届全国心理学学术会议论文，2017年5月6日。

张晓州、罗杰、彭婷：《大学生积极心理资本对生命意义感的影响——情绪智力的中介作用》，载《集美大学学报（教育科学版）》，2019年第6期，第16页。

张燕玲：《少年儿童自我责任感培育研究》，河南大学硕士论文，2018年。

张怡阁：《企业内部责任制影响下员工责任心对工作绩效水平的影响研究》，重庆大学硕士论文，2013年。

张元：《传统"慎独"思想与青少年网络道德人格成长》，载《当代青年研究》，2018年第1期，第42页。

赵倩：《大学生时间管理团体辅导及其对网络依赖、学业拖延的影响》，上海师范大学硕士论文，2016年。

赵新年、倪晓莉：《网络行为与自我意识的相关性分析——以大学生网民为例》，载《兰州大学学报（社会科学版）》，2015年第3期，第82页。

赵兴奎：《大学生社会责任心结构及发展特点》，西南大学硕士论文，2007年。

郑兴山、甄珊珊、唐宁玉：《责任心、寻求上级反馈与权力距离对任务绩效的交互影响研究》，载《上海管理科学》，2018年第5期，第47页。

郑兴山、甄珊珊、唐宁玉：《责任心、寻求上级反馈与权力距离对任务绩效的交互影响研究》，载《上海管理科学》，2018年第5期，第47页。

中国社会科学院语言研究所词典编辑室：《现代汉语词典》，北京：商务印书馆1996版，第1574页。

周春燕、郭永玉：《家庭社会阶层对大学生心理健康的影响：公正世界信念的中介作用》，载《中国临床心理学杂志》，2013年第4期，第636—640页。

周辅成:《西方伦理学名著选辑》,北京:商务印书馆 1964 年版,第 552 页。

周海林:《师范生学习责任心、专业承诺和学习投入的关系研究》,福建师范大学硕士论文,2017 年。

周锬锬:《大学生自我妨碍与自我效能感的关系研究:自尊的中介作用》,载《潍坊工程职业学院学报》,2020 年第 6 期,第 52—58 页。

朱建雷:《留守经历青少年主观生活质量、领悟社会支持、自我意识、孤独感的现状及其相关性研究》,山东大学硕士论文,2017 年。

朱晓红:《中小学生学业成败原因的自我责任知觉研究》,南京师范大学硕士论文,1997 年。

朱智贤:《心理学大词典》,北京:北京师范大学出版社 1989 年版,第 930 页。

二、英文参考文献

Agarwal U A, Gupta V, "Relationships between job characteristics, work engagement, conscientiousness and managers' turnover intentions", *Personnel Review*, Vol. 47, No. 2, 2018, pp. 353 – 377.

Bae J, Park H H, Koo D M, "Perceived CSR initiatives and intention to purchase game items: The motivational mechanism of self-esteem and compassion", *Internet Research*, Vol. 29, No. 2, 2019, p. 214.

Bajovic M, "Violent video gaming and moral reasoning in adolescents is there an association", *Educational media international*, Vol. 50, No. 3, 2013, pp. 177 – 191.

Boston A, Atlanta N, *The Illustrated Heritage Dictionary and Imformation Book*, New York: Houghton Miffin Company, 1999, pp. 94 – 106.

Choudhary N, Singh N K, "Corporate Social responsibility: Competitive Advantage or Social Concern", *European Journal of Business and Management*, Vol. 4, No. 4, 2012, p. 57.

Chung I J, "Social Amplification of Risk in the Internet Environment", *Risk Analysis*, Vol. 8, No. 3, 2011, pp. 1883 – 1896.

Cohen-Almagor R, "Cyberbullying, Moral Responsibility, and Social Networking: Lessons from the Megan Meier Tragedy". *European Journal of Analytic Philosophy*, Vol. 16, No. 1, 2020, pp. 75 – 98.

Cook-Sather A, Luz A, "Greater engagement in and responsibility for learning: what happens when students cross the threshold of student-faculty partnership", *Higher Education Research & Development*, Vol. 34, No. 6, 2015, pp. 1097 – 1109.

Costa P T, McCrae R R, "Normal personality assessment in clinical practice: The NEO Personality Inventory", *Psychological assessment*, Vol. 4, No. 1, 1992, pp. 5 – 13.

Crandell R, Levich M, "A Chocolate Orange A Network Orange: Logic and Responsibility In the Computer Age", *Ai & Society*, Vol. 14, No. 1, 2000, p. 150.

Daboub A J, "Strategic Alliances, Network Organizations, and Ethical Responsibility", *Sam Advanced Management Journal*, Vol. 67, No. 4, 2002, pp. 40 – 48.

David G, Winter B, "Responsibility and the power motive in women and men", *Journal of Personality*, Vol. 53, No. 2, 1985, pp. 335 – 355.

Di Domenico S I, Fournier M A, "Able, ready, and willing: Examining the additive and interactive effects of intelligence, conscientiousness, and autonomous motivation on undergraduate academic performance", *Learning & Individual Differences*, Vol. 40, No. 4, 2015, pp. 156 – 162.

Dilara Kekulluoglu and Nadin Kokciyan and Pinar Yolum, "Preserving Privacy as Social Responsibility in Online Social Networks", *ACM Transactions on Internet Technology (TOIT)*, Vol. 18, No. 4, 2018, pp. 1 – 22.

Dinisman T, Andresen S, Montserrat C, et al, "Family structure and family relationship from the child well-being perspective: Findings from comparative analysis", *Children and Youth Services Review*, Vol. 67, No. 6, 2017, p. 64.

Egan M, "Adolescent conscientiousness predicts lower lifetime unemployment", *The Journal of applied psychology*, Vol. 102, No. 4, 2017, pp. 700 – 709.

Eugene Lee Davids et al, "Family structure and functioning: Influences on adolescents psychological needs, goals and aspirations in a South African setting", *Journal of Psychology in Africa*, Vol. 26, No. 4, 2016, pp. 351 – 356.

Eunha K and Hansol P, "Perceived gender discrimination, belief in a just world, self-esteem, and depression in Korean working women: A moderated mediation model", *Women's Studies International Forum*, Vol. 69, No. 7, 2018, pp. 143 – 150.

Fadirubun F F, Astra I M, Miarsyah M, "Validation of Environmental Personality (Conscientiousness, Agreebleness, Neuroticism, Openness, Extraversion) and its Effect on Students' Pro-Eco Behavior Mediated By Intention to Act", *Indian Journal of Public Health Research and Development*, Vol. 10, No. 1, 2019, p. 1304.

Fan J, "Relationships between Five-Factor Personality Model and Anxiety: The Effect of Conscientiousness on Anxiety", *Open Journal of Social Sciences*, Vol. 8, No. 8, 2020, pp. 462 – 469.

Friedman M, "The Social Responsibility of Business is to Increase its Profits", *New York Times Magazine*, Vol. 13, No. 33, 2007, pp. 173 – 178.

Gartland N, "Conscientiousness and engagement with national health behaviour guidelines", *Psychology, Health & Medicine*, Vol. 26, No. 4, 2021, pp. 421 – 432.

Gary H, Chan G L, Kok J, et al, "Search engines and Internet defamation: Of publication and legal responsibility-ScienceDirect", *Computer Law & Security Review*, Vol. 35, No. 3, 2019, pp. 330 – 343.

Grasmick H G, Tittle C R, Bursik R J, et al, "Low self-control and imprudent behavior", *Journal of Quantitative Criminology*, Vol. 9, No. 3, 1993, pp. 225 – 247.

Greitemeyer T, Mugge D O, "Video games do affect social outcomes: a meta-analytic review of the effects of violent and prosocial video game play", *Personality & Social Psychology Bulletin*, Vol. 40, No. 5, 2014, pp. 578 – 589.

Harris D B. 1957, "A scale for measuring attitudes of social responsibility in children", *Journal of Abnormal & Social Psychology*, Vol. 55, No. 4, 1957, pp. 322 – 326.

Hatice Odacı and Cigdem Berber Celik, "Does internet dependence affect young people's psycho-social status? Intrafamilial and social relations, impulse control, coping ability and body image", *Computers in Human Behavior*, Vol. 57, No. 4, 1957, pp. 322 – 326.

Heider F, *The Psychology of Interpersonal Relation*, London: Penquin Books, 1978.

Hong S L and Cheng C, "Mediating Effects of Relationship Satisfactions on the Relationships among Self-esteem, Internet Pornography Addiction, and Sexual Behavior in Male and Female Freshmen", *Journal of Korean Management Association*, Vol. 30, No. 3, 2012, pp. 69 – 82.

Hosoon K, Luderer G W R, Subbiah B, "An intelligent mobile agent framework for distributed network management", IEEE Global Telecommunications Conference, 1997.

Huan V, Ang R, Chye S, "Loneliness and Shyness in Adolescent Problematic Internet Users: The Role of Social Anxiety", *Child & Youth Care Forum*, Vol. 43, No. 5, 2014, pp. 539 – 551.

Humberto Emilio Aguilera Arévalo, "Natural semantic networks in the Social Representations of Responsibility", *Revista Internacional de Psicología*, Vol. 11, No. 2, 2009, p. 324.

Huo M L, Jiang Z, "Trait conscientiousness, thriving at work, career satisfaction and job satisfaction: Can supervisor support make a difference", *Personality and Individual Differences*, Vol. 183, No. 6, 2021, p. 1116.

Isabel C, Maria T B, Maria L L, "Does the belief in a just world bring happiness? Causal relationships among belief in a just world, life satisfaction and mood", *Australian Journal of Psychology*, Vol. 61, No. 4, 2009, pp. 220 – 227.

Jefferson A, "David Shoemaker: Responsibility from the Margins", *Ethical Theory and Moral Practice*, Vol. 20, No. 2, 2016, pp. 1 – 3.

John R, Aggers E S, Honeywell I, "Multi-Nodal Communication Network

With Coordinated Responsibility For Global Functions By The Nodes", *computer application*, No. 6, 1991, pp. 275-279.

Jonathon J, "Beckmeyer and Luke T. Russell. Family Structure and Family Management Practices: Associations With Positive Aspects of Youth Well-Being", *Journal of Family Issues*, Vol. 39, No. 7, 2018, pp. 2131-2154.

Joshua C W and Abdulkadir H, "School Connectedness, Self-Esteem, and Adolescent Life Satisfaction", *Journal of Professional Counseling: Practice, Theory & Research*, Vol. 44, No. 2, 2018, pp. 32-48.

Junker A. Nordahl H M, Bjorngaard J H, et al, "Adolescent personality traits, low self-esteem and self-harm hospitalisation: a 15-year follow-up of the Norwegian Young-HUNT1 cohort", *European child & adolescent psychiatry*, Vol. 28, No. 3, 2018, pp. 329-339.

Kaitlyn M, "2019. Examining the unique and combined effects of grit, trait self-control, and conscientiousness in predicting motivation for academic goals: A commonality analysis", *Journal of Research in Personality*, Vol. 81, No. 3, 2019, pp. 168.

Karimi M N, Fallah N, "Academic burnout, shame, intrinsic motivation and teacher affective support among Iranian EFL learners: A structural equation modeling approach", *Current Psychology*, Vol. 40, No. 4, 2019, pp. 2026-2037.

Katayoun S C, Tayebe S, Mohammad G P, "A Study of the Effectiveness of Group Spiritual Intelligence Training on Self-Efficacy and Social Responsibility of Secondary School Girls in Shahrekord", *Social Behavior Research & Health*, Vol. 1, No. 2, 2017, pp. 81-90.

Katherine A, "Curry and Curt M. Adams. Parent Social Networks and Parent Responsibility: Implications for School Leadership", *Journal of School Leadership*, Vol. 24, No. 5, 2014, pp. 918-948.

Kelly A, Smith M G, Barstead K H. et al, "Neuroticism and Conscientiousness as Moderators of the Relation Between Social Withdrawal and Internalizing Problems in Adolescence", Journal of Youth and Adolescence, Vol. 46, No. 4, 2017, pp. 772-786.

Kelly L, Conscientiousness and effort-related cardiac activity in response to piece-rate cash incentives. Motivation and Emotion, Vol. 42, No. 3, 2018, pp. 377-385.

KING V, BOYD L M, PRAGG B, "Parent-Adolescent Closeness, Family Belonging, and Adolescent Well-Being Across Family Structures", Journal of Family Issues, Vol. 39, No. 7, 2017, pp. 2007-2036.

Kirschbaum S J, "Internet policy in Korea: A preliminary framework for assigning moral and legal responsibility to agents in internet activities", Government Information Quarterly, Vol. 29, No. 3, 2017, pp. 394-402.

Kong Y, Cui L, Yang Y, et al. "A three-level meta-analysis of belief in a just world and antisociality: Differences between sample types and scales", Personality and Individual Differences, Vol. 182, No. 4, 2021, p. 111065.

Kristin N G, Leonard J S, "Three-way Interaction of Neuroticism, Extraversion, and Conscientiousness in the Internalizing Disorders: Evidence of Disorder Specificity in a Psychiatric Sample", Journal of Research in Personality, No. 10, 2017, pp. 1016.

Kropf J W, "Personal data-Protection of individual privacy-Right to be forgotten-Responsibility of Internet search engine operators-European data protection Directive 95/46/EC", The American Journal of International Law, Vol. 108, No. 3, 2014, pp. 502-509.

Larose R, Rifon N J, Enbody R, "Promoting personal responsibility for internet safety", Communications of the Acm, Vol. 51, No. 3, 2008, pp. 71-76.

Lee C, Conroy D M, "Socialisation through Consumption: Teenagers and the Internet", Australasian Marketing Journal (AMJ), Vol. 13, No. 1, 2005, pp. 8-19.

Lee H R, Jeong E J, "Do Therapeutic Interventions Exist in Online Games? Effects of Therapeutic Catharsis, Online Game Self-Efficacy, and Life Self-Efficacy on Depression, Loneliness, and Aggression", International Journal of Contents,

No. 3, 2018, pp. 12 -17.

Lerner M J, Miller D T, "Just world research and the attribution process: Looking back and ahead", *Psychological Bulletin*, Vol. 85, No. 5, 1978, pp. 1030 - 1051.

Leslie H, "Electronic and Computer Games: The History of an Interactive Medium", *Screen*, Vol. 29, No. 2, 1988, pp. 52 -77.

Gabbiadini A, Andrighetto L, Volpato C, "Brief report: Does exposure to violent video games increase moral disengagement among adolescents", *Journal of Adolescence*, Vol. 35, No. 8, 1988, pp. 1403 -1406.

Liu X Y, Yu T, Wan W H, "2020. Stick to Convention or Bring Forth the New? Research on the Relationship Between Employee Conscientiousness and Job Crafting", *Frontiers in psychology*, No. 11, 2020, p. 1038.

Lutterman B, "The Traditional Socially Responsible Personality", *Public Opinion Quarterly*, Vol. 32, No. 2, 1968, pp. 169 -185.

Mahsa V, "The Mediating Role of Conscientiousness in the Relationship between Attitudes toward Addiction and Academic Achievement", *Research on Addiction*, Vol. 8, No. 30, 2014, pp. 53 -68.

Mancinelli F, "Digital nomads: freedom, responsibility and the neoliberal order", *Information Technology & Tourism*, Vol. 22, No. 3, 2020, pp. 21 -29.

Massey D, "Geographies of Responsibility", *Geografiska Annaler. B, Human Geography*, Vol. 24, No. 1, 2004, pp. 0435 -3684.

Mccrae R R, Costa P T, "Discriminant Validity of NEO-PIR Facet Scales", *Educational & Psychological Measurement*, Vol. 52, No. 1, 1992, pp. 229 -237.

Mckenna M, "Responsibility and the Moral Sentiments", *Philosophical Books*, 37 (3): 206 -208. 2010, Vol. 37, No. 3, 1992, pp. 206 -208.

Myoungsoon Y, Youngkee J, "Modeling embitterment dynamics: The influence of negative life events and social support mediated by belief in a just world", *Journal of Affective Disorders*, No. 274, 2020, pp. 269 -275.

Nadanyiova M, "The perception of corporate social responsibility and its impact on consumer buying behaviour in the process of globalization", *SHS Web of Conferences*, Vol. 92, No. 4, 2021, p. 6024.

Najimi A, Doustmohamadi P O, "The relationship between emotional intelligence, social responsibility, and job performance in health service providers", *Journal of education and health promotion*, No. 10, 2021, p. 126.

Otto K, Schmidt S, "Dealing with stress in the workplace: Compensatory effects of belief in a just world", *European Psychologist*, Vol. 12, No. 4, 2007, pp. 272 – 282.

Overby J W, Min S, "International supply chain management in an Internet environment", IEEE Power India Conference, 2013.

Permoser J M, Stoeckl K, "Reframing human rights: the global network of moral conservative homeschooling activists", *Global Networks*, Vol. 14, No. 2, 2020, pp. 174 – 177.

Pintrich P R, Groot E V, "Motivational and Self-regulated Learning components of classroom academic performance", *Journal of Educational Psychology*, No. 1, 1990, pp. 33 – 40.

Ponnock A, Muenks K, Morell M, et al, "Grit and conscientiousness: Another jangle fallacy", *Journal of Research in Personality*, Vol. 89, No. 6, 2020, p. 104021.

Rachman S, Thordarson D S, Shafran R, et al, "Perceived responsibility: Structure and significance", *Behaviour Research & Therapy*, Vol. 33, No. 7, 1995, pp. 779 – 784.

Raphael C A, "Balancing Freedom of Expression and Social Responsibility on the Internet", *Philosophia Ramat Gan Israel*, Vol. 46, No. 6, 2017, pp. 973 – 985.

Raphael C A, "Social Responsibility on the Internet: Addressing the Challenge of Cyberbullying", *Aggression & Violent Behavior*, No. 39, 2018, pp. 42 – 52.

Rene V, Dijkstra J K, Steglich C, et al, "Network-Behavior Dynamics", *Journal of Research on Adolescence*, Vol. 23, No. 3, 2013, pp. 399 – 412.

Reynolds J F, "Socializing Puros Pericos (Little Parrots): The Negotiation of Respect and Responsibility in Antonero Mayan Sibling and Peer Networks", *Journal of Linguistic Anthropology*, Vol. 18, No. 1, 2010, pp. 82 – 107.

Robbie M. S, Joachim S, Shanmukh V K, "Belief in a just world for oneself versus others, social goals, and subjective well-being", *Personality and Individual Differences*, No. 113, 2017, pp. 115 – 119.

Robert B S. "Stress in marital interaction and change in depression: A longitudinal analysis", *Journal of Family Issues*, No. 9, 1998, pp. 578 – 594.

Robert E F, "Knowing oneself and long-term goal pursuit: Relations among self-concept clarity, conscientiousness, and grit", *Personality and Individual Differences*, No. 108, 2017, pp. 191 – 194.

Robert Hassan, "Digital, ethical, political: Network time and common responsibility", *New Media & Society*, Vol. 20, No. 7, 2018, pp. 2534 – 2549.

Saadullah S M, Bailey C D, *The "Big Five Personality Traits" and Accountants' Ethical Intention Formation*, London: Emerald Group Publishing Limited, 2014.

Salguero Jose M, et al. Effects of an emotional intelligence intervention on aggression and empathy among adolescents. Journal of Adolescence, Vol. 36, No. 5, 2013, pp. 883 – 892.

Scholz D and Strelan P, "In control, optimistic, and resilient: Age-related effects of believing in a just world among adolescents", *Personality and Individual Differences*, No. 3, 2021, p. 171.

Shin D, Choi A R, Lee J, et al, "The Mediating Effects of Affect on Associations between Impulsivity or Resilience and Internet Gaming Disorder", *Journal of Clinical Medicine*, Vol. 8, No. 8, 2019, p. 1102.

Song Min-kyung, "A Study on the Cooperative Network of Youth's Volunteering with Corporate Social Responsibility (CSR)", *Korean Journal of Youth Studies*, Vol. 23, No. 4, 2016, pp. 501 – 524.

Steele W R, Schreiber G B, Guiltinan A, et al, "role of altruistic behavior, empathetic concern, and social responsibility motivation in blood donation behavior", *Transfusion*, Vol. 48, No. 1, 2008, p. 43 – 54.

Stephan Y, "Facets of conscientiousness and longevity: Findings from the Health and Retirement Study", *Journal of psychosomatic research*, No. 116, 2019, pp. 1211 – 1219.

SU Chun, "Research Review on the Risk of Youth Responsibility Anomie in Network Moral Construction and Educational Risk Control Measures", *Cross-Cultural Communication*, Vol. 16, No. 4, 2020, pp. 14 – 17.

Sutin A R, Stephan Y, Terracciano A, "Facets of conscientiousness and objective markers of health status", *Psychology & health*, Vol. 33, No. 9, 2018, pp. 1100 – 1115.

Trautwein U, "Using individual interest and conscientiousness to predict academic effort: Additive, synergistic, or compensatory effects", *Journal of Personality and Social Psychology*, Vol. 109, No. 1, 2015, pp. 142 – 162.

Valcke M, Bonte S, Wever B D, et al. 2010. Internet parenting styles and the impact on Internet use of primary school children [J]. Computers & Education, Vol. 55, No. 2, 2010, pp. 454 – 464.

Weipeng L, "A double - edged sword: The moderating role of conscientiousness in the relationships between work stressors, psychological strain, and job performance", *Journal of Organizational Behavior*, Vol. 36, No. 1, 2015, pp. 94 – 111.

Wilson R S, "Conscientiousness, dementia related pathology, and trajectories of cognitive aging", Psychology and aging, Vol. 30, No. 1, 2015, pp. 74 – 82.

Wong C S, Law K S, "The effects of leader and follower emotional intelligence on performance and attitude: An exploratory study", *Leadership Quarterly*, Vol. 13, No. 3, 2002, pp. 243 – 274.

Wygant D B, Martin S, Ben-Porath Y S, et al, "The relation between symptom validity testing and MMPI-2 scores as a function of forensic evaluation context", *Arch Clin Neuropsychol*, No. 4, 2007, pp. 489 – 499.

Yap S T, Baharudin R, "The Relationship Between Adolescents' Perceived Parental Involvement, Self-Efficacy Beliefs, and Subjective Well-Being: A Multiple Mediator Model", *Social Indicators Research*, Vol. 126, No. 1, 2015, pp. 204 – 207.

Yaumas N E, Syafril S, "Attitude of Responsibility of Prospective Counselors in Utilizing Internet Technology", *KONSELI Jurnal Bimbingan dan Konseling (E-Journal)*, Vol. 6, No. 2, 2019, pp. 175 – 182.

Young K S, *Caught in the Net: How To Recognize the Signs of Internet Addiction-and a Winning Strategy for Recovery*, New York: John Wiley & Sons, Inc, 1998.

Zachary R, Altovise R, Thomas C L et al, "Effects of proactive personality and conscientiousness on training motivation", *International Journal of Training and Development*, 22 (2): Vol. 22, No. 2, 2018, pp. 126 – 143.

Zheng S, Li Z, "Exposure to internet game advertisements and the risk of internet game addiction among youths", *Korean Journal of Health Education and Promotion*, Vol. 34, No. 3, 2017, pp. 47 – 57.

图书在版编目（CIP）数据

立德树人背景下青少年网络环境责任心研究／赵兴奎著 . —北京：中央编译出版社，2024.8
 ISBN 978-7-5117-4729-7

Ⅰ.①立… Ⅱ.①赵… Ⅲ.①青少年–责任感–品德教育–教学研究 Ⅳ.①B822.9

中国国家版本馆 CIP 数据核字（2024）第 076797 号

立德树人背景下青少年网络环境责任心研究

责任编辑	彭永强
责任印制	李　颖
出版发行	中央编译出版社
网　　址	www.cctpcm.com
地　　址	北京市海淀区北四环西路 69 号（100080）
电　　话	（010）55627391（总编室）　（010）55627308（编辑室）
	（010）55627320（发行部）　（010）55627377（新技术部）
经　　销	全国新华书店
印　　刷	佳兴达印刷（天津）有限公司
开　　本	710 毫米×1000 毫米　1/16
字　　数	209 千字
印　　张	13.25
版　　次	2024 年 8 月第 1 版
印　　次	2024 年 8 月第 1 次印刷
定　　价	85.00 元

新浪微博:@中央编译出版社　　**微　信**：中央编译出版社(ID：cctphome)
淘宝店铺：中央编译出版社直销店（http://shop108367160.taobao.com）　（010）55627331

本社常年法律顾问：北京市吴栾赵阎律师事务所律师　　闫军　　梁勤
凡有印装质量问题，本社负责调换，电话：（010）55627320